甲午较量

中日近代史上第一次大比拼

杨东梁 著

Sino-Japanese Contest

中国青年出版社
CHINA YOUTH PRESS

图书在版编目（CIP）数据

甲午较量：中日近代史上第一次大比拼 / 杨东梁著.
—北京：中国青年出版社，2014.12
ISBN 978-7-5153-3014-3

Ⅰ.①甲… Ⅱ.①杨… Ⅲ.①中日甲午战争—史料 Ⅳ.①K256.306

中国版本图书馆CIP数据核字（2014）第278665号

甲午较量：
中日近代史上第一次大比拼

作　　者：杨东梁
责任编辑：周　红
美术编辑：夏　蕊
出　　版：中国青年出版社
发　　行：北京中青文文化传媒有限公司
电　　话：010-65518035/65516873
公司网址：www.cyb.com.cn
购书网址：zqwts.tmall.com　www.diyijie.com
制　　作：中青文制作中心
印　　刷：北京中科印刷有限公司
版　　次：2015年3月第1版
印　　次：2015年3月第1次印刷
开　　本：787×1092　　1/16
字　　数：258千字
印　　张：18.5
书　　号：ISBN 978-7-5153-3014-3
定　　价：48.00元

2014年正值甲午战争爆发120周年，按照农历干支纪年60年为一周期计算，这一历史事件至今已是第二个周期。

认真回顾过去的120年，正是为了更好地面对未来。在120年前爆发的那次中日之战，震撼了东亚，在一定程度上改变了东亚的政治格局，并影响着整个世界的走向。那次战争的结果，是庞大而虚弱的清帝国被东邻岛国日本打败，战争惨败及苛刻条约的签订，给中华民族带来了深重的灾难。对于中国人来说，真是创深痛巨，奇耻大辱。这促使了中华民族进一步觉醒，从而锲而不舍地进行探索，奋不顾身地努力拼搏，斗志昂扬地在东方奋起，以求自立于世界民族之林。

作为侵略者一方的日本，甲午战争对其影响也是非常深远的，甚至可以说在日本近代史上是具有划时代意义的，因为这场战争是日本从半殖民地国家向殖民强国过渡的转折点。日本从此搭上了时代的顺风车，一步步跻身于世界强国之列。军国主义笼罩下的日本，因不断对外发动侵略战争而尝到甜头，其扩张野心急剧膨胀，同时它也步入了历史歧途，为自己在第二次世界大战中的一败涂地埋下了种子，种下了祸根。

今天，我们来回顾这段历史，就是要温故知新，从中总结、汲取历史的经验教训，避免历史悲剧重演。正如邓小平同志所说："了解自己的历史很重要。青年人不了解这些历史，我们要用历史教育青年，教育人民。"①
特别是需要在当今国人中传播正确的历史知识，总结丰富而深刻的经验教训，勿忘国耻，矢志强国。

首先是要懂得"落后就要挨打"。所谓落后主要是指清朝封建统治的腐朽。尽管当时在经济总量上、军事装备上清政府不一定都比日本差（应该说互有优劣），但在封建主义占统治地位的中国，近代化的步伐艰难而蹒跚，最后导致洋务运动未能达到复国强兵的目的；而日本通过"明治维新"，推行一系列经济改革，使国民经济迅速发展，又通过"文明开化"政策，改造本国的封建文化，进行了一次资产阶级的社会启蒙。

还有一个重要的方面，就是清廷思想观念的落后和军事理论的陈旧。19世纪堪称是一个海洋的世纪，制海权的掌控成为决定现代大国兴衰的重要杠杆。但清朝统治者昧于天下大势，耽于安逸，缺乏远图，近代海权意识淡薄，对海洋战略格局的漠视，导致了国防战略的严重失误。当海军建设稍有成就，就沾沾自喜，止步不前。从1889年（光绪十五年）起，竟每年从海军经费中拨银30万两用于供慈禧太后享乐的颐和园工程，致使北洋海军从1888年开始就不再添置新舰，从1891年起两年之内停购军火。反观日本，则把"制海权决定一个国家国运兴衰"（美国海军战略家马汉语）的思想奉为圭臬。他们于1882年制定了一个发展海军的8年计划，到1890年要建造大小舰船48艘；1891年，又提出一个9年计划，拟新建铁甲舰4艘、巡洋舰6艘。为筹措资金，又大力发行公债，明治天皇本人还率先垂范，于1887年3月从皇室公帑中，拨出30万日元资助海军建设，这与慈禧太后擅用海军经费大修颐和园的行径相比，真有天壤之别。

另外，在海战理论上清朝也是消极、保守的。李鸿章的海军战略始终坚持"以守为战"、"保舰制敌"，这不但限制了晚清海军建设的规模和发展方向，也导致了在海战中被动挨打，直至困守威海，坐以待毙。

---

① 《用中国的历史教育青年》，《邓小平文选》第三卷，第206页。

　　教训之二是有备才能无患。日本针对中国的备战是处心积虑的，从19世纪80年代初，即以中国为"假想敌"作了充分准备。仅以海军为例，至1891年已建成"松岛"、"桥立"、"岩岛"等3艘4000吨级的铁甲舰。1892年又从英国购买了当时航速最快的巡洋舰"吉野号"。面对磨刀霍霍的侵略者，清政府却没有一种急迫的备战心态，反而"不以倭人为意"。一旦战争迫近，作为陆海军统帅的李鸿章更缺乏敌情观念，对日本的野心认识不足，只寄希望于外交谈判和列强调停，以至"坐失先机，着着落后"。有备才能无患，能战方能止戈。一个民族如果没有忧患意识，一支军队如果不能居安思危，那么离挨打、失败就不远了。

　　教训之三是温故而知新。甲午战争虽然已经过去了120年，但对我们仍具有深刻的启示意义。时至今日，日本总有一些顽固的右翼分子还在做着当年的"甲午梦"。不久前，日本出版了一本名为《从日清战争学习、思考尖阁诸岛（即中国钓鱼岛——引者注）领有权问题》的书，该书鼓吹要通过一场类似甲午战争的胜利来解决钓鱼岛问题。这就是日本安倍政府推行挑衅中国政策的社会基础，同时也证明在日本确实有些人继续陶醉于昔日"东洋霸主"的光环中。但是，狂热的日本右翼势力彻底打错了算盘，正如2013年最后一次例行记者会上，中国外交部发言人所说："今天的中国已不再是120年前的中国。我们完全有能力、有信心捍卫自己的国家主权、领土完整和民族尊严。"

　　时下，我们不妨换一个角度，通过比较的方法，对于甲午战争中的中、日双方进行对照分析，以捋清关于历史规律的思考认识，增强我们的时代责任感。

　　俗话讲"不比不知道，一比吓一跳"，可见比较方法之重要。什么叫比较？比较是经常使用的一种科学方法，它既要研究事物之间的共同点，又要分析事物之间的不同点。正是这样一种思维方法，为客观、全面地认识事物提供了一条重要途径。或者说，比较是鉴别事物，治疗惰性思维，促进社会进步的一剂良药。对此，毛泽东曾有过精辟的论述，他说："有比较才能鉴别。有鉴别，有斗争，才能发展。真理是在同谬误作斗争中间发展起来的。"①总之，通过比较，可以更好地认识客观事物的特性和本质。

用比较的方法观察事物，就容易了解到事物的局部和整体，一般和个别，相同与相异，从而避免认识上的片面性。用比较的方法观察国家的前途和命运，就是树立一个标杆，选择一个参照物，通过对照进一步认清自身的生存环境、发展水平、困难障碍和前进方向。把比较这样一种分析方法用之于历史研究，对复杂的历史现象进行对比，分析异同，发现历史本质，探寻共同规律和特殊规律，这就是历史比较研究法。

历史比较研究法的问世由来已久。在我国，西汉时代的司马迁写《史记》，已开始运用这种方法。他写人物"合传"，实际就是把具有"可比性"的两个或两个以上的人物并列进行研究、叙述。而在欧洲，19世纪中叶已形成了"比较历史学"。到20世纪，比较研究方法已被各国许多学者广泛运用于不同的学术研究领域。马列主义经典作家大多是运用历史比较研究法的巨匠。马克思曾说："要了解一个限定的历史时期，必须跳出它的局限。把它与其他历史时期相比较。"②列宁经常运用历史比较方法分析革命形势，比如它总结1917年"二月革命"的经验教训时，就把1848年的法国革命与1917年的俄国形势进行比较，指出异同，做出科学预见，以指导革命运动。

今天，我们同样可以运用历史比较的方法，对120年前甲午战争中交战双方的政治体制、经济、文化、教育、军事能力、备战状况、对外交涉、战争影响等进行全方位的对比，从中引申出深刻的经验教训，以警示今人，告诫来者。

① 《毛泽东选集》第5卷，第416页。
② 《十八世纪外交史内幕》，第41页，人民出版社1979年版。

第一章

封建专制
与君主立宪
——中、日政治体制之比较

一、腐朽、没落的清朝封建专制制度

中国社会推行中央集权的封建君主专制制度始于秦朝，以后"历代皆行秦政制"，一直延续了两千多年，至清代更加完备。这一制度在历史上曾经发挥过一定作用，对国家的统一、民族的融合、经济的发展、文化的积淀产生过一些积极影响。但同时，随着时代的更迭，其负面作用也越来越明显，直至弊端丛生，流毒甚广。

在封建专制制度下，君权是神圣不可侵犯的，所谓"朕即国家"，定天下于一尊。皇帝的语言就是"圣旨"，他的决断就是"圣裁"，任何人不得违抗。鸦片战争之后，中国遇上了"亘古未有之奇变"，如何应对这一"变局"，成为摆在中国人面前的一个严肃问题。面对西方列强的频频入侵，国内阶级矛盾的不断激化，封建专制体制自然会受到冲击。为了与西方强敌打交道，原有的政治机构和官僚制度不能不有所调整。于是，"总理各国事务衙门"、"总税务司署"等新衙门开始建立起来。同时，随着中西文化交流的深入，有关西方资产阶级政治制度的理论学说先后被介绍到中国，并脱胎为一些先进的中国人用以挽救民族危亡、振兴国家的应对方略。一些早期的改良派提出了改革封建政治制度、学习西方议会民主的要求。但这些要求与方案仅仅停留在纸面上和理论上，统治者始终坚持"中体西用"，只满足于学习西方的一些新技术、新工艺，而对政治体制的改革则坚决抵制。封建专制制度的统治依然如故。

1. 慈禧植党擅权，独揽朝政

慈禧太后，统治中国48年之久，虽然不是名义上的皇帝，其权力却与真皇帝毫无二致。坐在皇帝宝座上的载淳（同治帝）、载湉（光绪帝）不过是她手中的提线木偶而已。慈禧于1862～1873年、1875～1889年、1898～1908年三次"垂帘听政"，大权独揽。即使在光绪皇帝所谓"亲政"时期（1889～1898），她仍牢牢掌控着朝政。所以，梁启超说："自光绪纪元二十四年中，一切用人行政于皇上无预可见矣！"[①]

同治元年至十二年（1862～1873），慈禧太后第一次垂帘听政（从26岁至37岁），可算是她听政的试验期。这时她还年轻，阅历不广，缺乏掌控朝政的经验，而且摄政不久，政治地位也不巩固，所以她一方面依靠慈安太后，并极力拉拢恭亲王奕䜣，另一方面自己加强学习，特别是令词臣编纂《治平宝鉴法编》，并选派大臣轮流进讲，以增强自己的执政知识储备。经过几年听政后，她历练有成，对国政、朝章逐渐熟悉，就容不下奕䜣的显赫权势了。

① 中国近代史资料丛刊《戊戌变法》第二册，第61页。

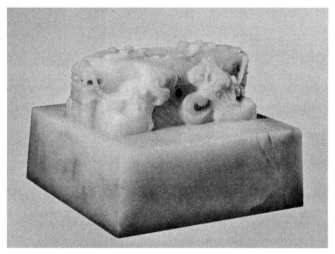

慈禧皇太后之宝玺

慈禧之宝玺文

慈安皇太后便服像

慈禧于同治四年（1865），利用御史蔡寿祺参劾奕訢揽权、纳贿、徇私、骄盈一事，突然变脸，指斥奕訢"辜恩溺职，植党擅政，渐不能堪"，并罢免他的一切差使。后虽恢复其职务，但仍撤去"议政王"名号。慈禧心狠手辣的政治手腕终于镇慑住群臣，使朝廷上下无不"肃然生畏"。

光绪元年至十五年（1875～1889），慈禧第二次垂帘听政，这是她独裁统治正式形成时期。垂帘初期，名义上是慈安、慈禧两太后听政，但因慈安能力不足，又不善揽权，往往一切都由慈禧裁决。光绪七年（1881），慈安死后，慈禧更是大权独揽，生杀予夺，一由己意，成了没有皇帝名号的"皇帝"。三年后，又借口奕訢等在中法越南交涉中的失误，罢黜了军机处大臣，将奕訢集团彻底逐出政坛。[①]在慈禧太后看来，国家大事就是皇室的家务事。光绪十三年正月二十二日（1887年2月14日），她在养心殿召见翁同龢等人时，就作过这样的表白："吾家事即国事，宫中日夕皆可提撕，何必另降明发"。"吾家事即国事"真是一语中的。

2. 挪用军费，大办六旬庆典

慈禧太后不但大权在握，一意孤行，而且奢侈成性，晚年尤甚。最典型的例子，是她挪用海军经费，用于"三海"大修、颐和园工程以及临近甲午年时筹办所谓"六旬庆典"。

---

① 1883年12月16日，法军占领越南北部的山西，翌年3月12日又攻占北宁，清军节节败退。消息传来，朝廷震惊，慈禧决计将战败责任推给奕訢，并借机打击奕訢集团，遂于4月8日革除以奕訢为首的全体军机大臣，代之以礼亲王世铎为首的新班子，史称"甲申易枢"。

同治皇帝

"三海"大修工程，是指对京城内南海、中海、北海（简称三海）的修缮工程。这项工程的起因是为了让慈禧太后"颐养天年"。同治十二年（1873），慈禧"撤帝归政"，同治帝原本要修复圆明园，"以备两宫皇太后燕憩"，因朝臣劝阻作罢，于是改为启动"三海工程"，理由是"因念海近在宫掖，殿宇完固，量加整理，工作不至过繁"[①]。同治十三年八月，三海修缮工程全面启动，十二月，因同治帝暴卒而停止。光绪十一年（1885），光绪帝亲政在即，将要退居幕后的慈禧太后再次决定将"三海"作为"颐养天年"之地，遂于当年五月初九，下达"懿旨"："南北海应修工程，著御前大臣、军机大臣、奉宸苑会同醇亲王踏勘修饰"[②]。实际上，工程在四月份就动工了。这项工程规模宏大，仅承包的京城土木厂商就有16家之多，每天进入工地的工匠竟达四五千人之众，最多时工役甚至超过一万人。从光绪十一年至十七年（1885～1891），六年中用工总数约在600万以上。

如此大兴土木，耗费必然巨大。据清宫太监王世和的估算，三海大修工程共用银2000多万两[③]。而据内务府奉宸苑档案记载，南北海工程，从光绪十一年四月开工至十六年十月，共支出实银450余万两，而开工以来的各项收款总计为513万两，其中包括官员捐修款448680两，户部及内库帑银128万两，各海关解银111万两，海军衙门、神机营"借拨"2294329两，占到总收款的44.6%。根据管理奉宸苑工程处大臣的一份奏折，三海工程总计支出了5896500余两[④]，如再加上李鸿章动用北洋经费购置的小火车及西苑电灯公所代购的电灯、锅炉等项，用于三海大修工程的经费总数当在600万两左右。

从光绪十一年四月（1885年5月）至光绪二十一年四月（1895年5月）的十年中，包括大修、岁修及庆典工程在内的整个三海工程，共挪"借"了海军衙门经费436.5万两。这笔巨款如用于购置战舰，可购得3艘相当于铁甲舰

---

① 《清穆宗实录》卷三六九。
② "内务府档案"，奉宸苑4605号卷。
③ 《造陶庐日录》。
④ "内务府档案"，奉宸苑4605号卷。

"定远"、"镇远"号及巡洋舰"济远"号那样的主力战舰（以上3舰的总造价为408.5万两）；如用于本国制造，则可自造8艘类似"平远"号那样的巡洋舰（"平远"号为马尾船政局制造，造价52.4万两）；如用于北洋海军的军舰维修和设备、火器更新，费用更绰绰有余。据李鸿章《海军拟购新快炮折》（光绪二十年二月二十五日）估算，更换船舰锅炉需银150万两，更换大炮需银60余万两，两项合计不过210万两而已！然而，可悲的是增强海军实力的经费，都被用之于慈禧太后的个人享乐上去了。

在"三海工程"略具规模后，清廷又启动了"颐和园工程"。为了取悦慈禧太后，光绪皇帝的生父醇亲王奕譞以规复水操旧制，在昆明湖两岸修建水师学堂为名上奏道："因建沿湖一带殿宇亭台半就颓圮，若不稍加修葺，诚恐恭备阅操时难昭敬谨……拟将万寿山暨广润灵雨祠旧有殿宇台榭并沿湖各桥座、牌楼酌加保护修补，以供临幸"[1]。光绪十三年（1887）正月，颐和园工程启动，但不久发生了官内贞度门失火事件，慈禧认为这是"不祥之兆"，似乎含有"天谴"之意，加上御史们的批评，慈禧碍于"清议"，不得不有所收敛，她于光绪十四年十二月二十日（1889年1月21日）发布"懿旨"，表示："除佛宇暨正路殿座外，其余工作一律停止，以昭节俭而迓修和"[2]。

光绪二十年十月初十（1894年11月7日），是慈禧六十"整寿"的日子。这对清廷来说，几乎成了一件头等大事。"万寿庆典"的筹备工作早在两年前就拉开了序幕，光绪十八年十二月初二（1893年1月4日），光绪帝发布上谕说：

"甲午年，欣逢（慈禧太后）花甲昌期，寿字宏开，朕当率天下臣民胪欢祝嘏。所有应备仪文典礼，必应专派大臣敬谨办理，以昭慎重。著派礼亲王世铎、庆郡王奕劻、大学士额勒和布、张之万、福锟，户部尚书熙敬、翁同龢，礼部尚书昆冈、李鸿藻，兵部尚书许庚身，工部尚书松桂、孙家鼐，总办万寿庆典。该王大臣等其会

---

① "内务府档案"奉宸苑，第4602卷。
② 光绪十四年军机处上谕档，第1401号。

慈禧皇太后六旬"圣寿"之照

同户部、礼部、工部、内务府，恪恭将事，博稽旧典，详议隆仪，随时请旨遵行。"③

随后，在来年春又成立了庆典处，专司办理庆典事宜。

这个专为皇太后60大寿而设立的"筹备委员会"真够得上是最高规格了！列名"总办"的12人中共有大学士3人（即额勒和布、张之万、福锟，只有文华殿大学士兼任直隶总督李鸿章没有列名），军机大臣4人（即世铎、额勒和布、张之万、许庚身，只有孙毓汶除外），六部尚书7人（12位六部尚书中，只有吏部2人、兵部1人、刑部2人除外）。朝廷要员除个别人外，几乎尽数囊括其中。

为了举办这个庆典，耗费了大量金银财物，其中包括专为慈禧制办的衣物、珠宝首饰以及宫廷内外的修饰、装潢，街道铺面的修葺、景点，庆典期间的筵宴、娱乐等，其奢靡程度令人咋舌。据清宫档案记载，为备办衣物，耗费白银23.2余万两；为备办给太后加徽号的玉册、玉宝需银约40万两；备办金辇、轿舆耗银183378两；用于宫廷点缀、陈设、修缮，耗银3718776两；用于点设景物、修葺铺面，估算为白银240万两；用于筵宴、演乐、唱戏共用银52万余两；用于仪仗、驾衣17万两左右；用于赏赐物品共用银约30万两。仅以上各项，粗略估算耗资就达白银800万两左右。

这样数额巨大的经费开支从哪里来呢？主要来源有二：一部分由"部库提拨"，即：从"筹备饷需、边防经费"两款中提用100万两；又从铁路经费中"腾挪"200万两，"共筹备银三百万两，专供庆典之用"。另一所谓"京外

① 《皇太后六旬庆典》档卷一。

颐和园石舫

统筹"部分，是指向京都内外臣工摊派的"报效银两"。据档案记载，宗室王公，京内各衙门，各省督抚、将军等"报效"银两达298万两（自然羊毛出在羊身上，最后倒霉的还是普通老百姓）。以上还是有据可查的，至于不见账面的巧取豪夺，就更无法计算了。

3. 吏治腐败，贪污成风

清朝专制政权的腐朽，不仅表现在统治者的奢侈挥霍，还表现在吏治腐败，贪污成风。

嘉庆初年，大官僚和珅（1750~1799）被抄家，其家产据记载折合成银两，竟达四亿余两之巨！相当于当时清政府一年财政收入的七八倍。时有"和珅跌倒，嘉庆吃饱"之谚。嘉、道年间，浙江乌程人沈垚客居京师，就馆于著名地理学家徐松（1781~1848）家，他在谈到自己留居北京的亲身感受时，说："居都下六年，求一不爱财之人而未之遇"。沈垚还评论当时的社会风气说："今日风气，备有元、成时之阿谀，大中时之轻薄，明昌、贞祐时之苟且。海宇清宴，而风俗如此，实有书契以来所未见。"[1] 元、成指西汉末年之元帝、成帝，大中为唐宣宗年号，明昌、贞祐为金章宗、金宣宗年号。这几句话的意思是说，当时的清朝已败象丛生，集合了西汉末年及唐末、金末社会的种种坏风气。

沈垚讲的是他身居北京的感受。而另一位翰林出身，做了30年地方官的张集馨（1800~1878）则在他的自撰年谱中，对清朝地方的官场腐败做了更生动而具体的揭露和抨击。张集馨从1836年（道光十六年）开始到山西任朔平知府，先后任职于山西、福建、陕西、四川、甘肃、河南、直隶江西等8省，从知府（从四品）、道员（正四品）、按察使（正三品）、布政使（从二品）一直做到署巡抚（巡抚是一省的行政长官），他对官场腐败之风的感受应该说是直接而又真实的。他揭露直隶总督桂良（恭亲王奕诉的岳父）"贿赂公行，恬不为怪"，"丑声载道，民怨如仇"，布政使、按察使等省级大员"皆拜于桂良

---

[1] 《落帆楼文集》卷八。

门墙，每人俱以数千金为贽，始得相安"。而陕甘总督乐斌则"爱听戏宴会，终日酣嬉淋漓，彻夜不休"，"一堂鬼蜮，暗无天日"。闽浙总督颜伯焘于道光二十年（1840）九月受命，到二十一年十二月革职，任职仅一年余，在返回广东原籍时，途经漳州（时张集馨任福建汀漳龙道），随带物品之多，排场之大，骇人听闻。张集馨亲见其搬运箱笼的队伍十天才过完。过境时又大摆宴席，"上下共用四百余桌"，在龙溪县住了五天，"实用去一万余金"，其奢侈程度令人咋舌！所以，张集馨说："吏治之坏，至闽极矣！"[1]

4. 机构臃肿，效率低下

封建君主专制制度的另一大弊端是机构臃肿，冗员充斥，办事效率低下。以中央机构为例，清朝统治者在入关后设立"内阁"，"掌议天下之政，宣布丝纶，厘治宪典，总钧衡之任"[2]，位在六部之上。康熙年间又设南书房，"撰述谕旨"，削弱了"阁权"；雍正年间，再设"军机处"，最初只管军事，以后权力逐步扩大，涉及政治大事，最后发展成为政令所出的"宰辅"机构，使"内阁"逐渐形同虚设。咸丰十一年（1861），又设总理各国事务衙门，本是一个专办"洋务"和对外交涉的机关，但实际上它不但主管外交，而且总揽了涉外的财政、军事、教育、矿务、交通等各方面的大权，成为清廷的另一个"内阁"。这样，在行政中枢部位，就出现了内阁、军机处、总理衙门三个互不统属、权力交错的政权机构。由于权限不清，彼此牵掣，办事效能自然低下。此外，像礼部、光禄寺、鸿胪寺三个机构职能大同小异，主要掌管典礼事宜；刑部、大理寺、都察院都是管理全国刑名事务的机构。如此这般，办起事来必然是政出多门，互相推诿、扯皮。

机构重叠的现象在地方行政机构中也同样存在。光绪二十年（1894）前，总督、巡抚同城的省份就有福建、湖北、广东、云南四个：闽浙总督、福建巡抚同驻福州；湖广总督与湖北巡抚同驻武昌；两广总督与广东巡抚同驻广州；

---

① 以上引文均见张集馨：《道咸宦海见闻录》。
② 《嘉庆、光绪会典》卷二。

总理各国事务衙门

云贵总督和云南巡抚同驻昆明。本来，巡抚是一省最高行政长官，由于要受总督节制，处处掣肘，甚至互相倾轧，勾心斗角。此外，各地还设有一些闲曹冷署，几乎没有多少"公务"可办，比如像承办皇室日用的织造衙门（设在江宁、苏州、杭州），办理督销事务的盐道衙门。至于河道、漕运本是清廷要务，但因山东境内河工改归山东巡抚接办，而漕粮又大部分改用海运，所管事务轻简，按理也可裁撤。

机构臃肿重叠，必然形成大量冗员。据统计，晚清时，全国文武官员（包括后补官员）总数不下20万[1]，这还是指编制数而言，实际的官员人数大大超过了这个数字。除了正式任命的官员外，各级行政机构中更主要的组成人员是胥吏，他们才是真正的办事者，所以，晚清人郭嵩焘说："本朝则与胥吏共天下耳！"吏不属于国家正式编制，人数只能估算。在清前期，据洪亮吉（1746～1809）估算，一个县大概有胥吏200名至1000名。晚清同治年间做过御史的游百川估计，大县有胥吏二三千人，小县至少也有三四百人。总的估算一下，仅地方衙门的胥吏就有100多万人，真是一支庞大的队伍。

臃肿的官僚机构和上百万人的官吏，不但给百姓带来了沉重负担，也严重败坏了吏治。郑观应（1842～1922）在《盛世危言》一书中就痛斥贪官们"一事不为而无恶不作，上朘国计，下剥民生……作官十年而家富身肥，囊橐累累，然数十万金在握矣！"[2]甲午战后，陈炽（？～1899）在《庸言》一书中也认为："至于胥吏差役，谲诈奸贪，务肥私橐，生事扰民，皆宜酌古准今，一并裁并"[3]。

5.派系朋党勾心斗角，主战主和内斗激烈

晚清政治腐败的再一个表现，就是派系之争不断，导致政治决策迟滞，使得甲午战争中清政府不能迅速凝聚全国之力，一致抵抗外侮。这种消耗国力的

①　费正清：《剑桥晚清中国史》，中文版第17页。
②　《郑观应集》上，第252～253页。
③　中国近代史资料丛刊《戊戌变法》，第一册，第234页。

光绪帝老师、户部尚书翁同龢

内斗，包括帝党、后党之争，中央、地方之争，湘系、淮系之争。

所谓帝党与后党之争，在甲午战争时期，焦点集中在主战还是主和上。光绪十五年二月（1889年3月）光绪帝亲政后，慈禧太后仍然干预用人行政，引起一部分官员的不满，在统治集团内部逐渐形成了一股倾向光绪帝的政治势力，即所谓"帝党"。其实，帝党只是一部分拥护和倾向光绪帝官员的自然汇集，在组织上并不存在一个实体。这股政治势力的代表人物是光绪帝的老师、时任户部尚书的翁同龢（光绪二十年又任军机大臣），其成员主要是光绪帝的近臣及翁同龢的门生、故旧。比如珍妃及瑾妃的胞兄、礼部侍郎志锐，珍妃的师傅、侍讲学士文廷式以及侍读学士、南书房行走陆宝忠；还有翁同龢的好友吏部侍郎汪鸣銮，翁氏门生、甲午年状元张謇以及翰林院编修黄绍箕、丁立钧，国子监祭酒盛昱、刑部主事沈曾植等。这些人多为熟读诗书的饱学之士，在学术上有所成就，且关心民生社稷；政治上主张为政清廉，反对太后干政。甲午战争爆发后，他们力主抵抗日本侵略，支持光绪帝主战。

所谓"后党"，主要是指集结在慈禧太后周围，并唯其马首是瞻的一些权贵大臣。其代表人物是庆亲王奕劻，军机大臣、兵部尚书孙毓汶，军机大臣、总理衙门大臣徐用仪等。奕劻是乾隆皇帝的曾孙，因得到慈禧太后宠信，屡获升迁，主管总理衙门，会办海军事务，光绪二十年由郡王晋封亲王。孙毓汶，山东济宁人，咸丰六年进士，历任内阁学士、侍郎，光绪十年（1884）后任总理衙门大臣、军机大臣，深得慈禧赏识。光绪十九年，被任为慈禧六十寿辰庆典的总办，并调任兵部尚书。徐用仪，浙江海盐人，咸丰九年（1859）中举，同治元年（1862）考充军机章京，从此飞黄腾达，直升至侍郎。光绪十九年任军机大臣，翌年，被慈禧赏太子少保衔，并赐"蹈规履矩"四字。后党中均是

光绪皇帝载湉

慈禧的铁杆追随者。

慈禧太后唯恐战事蔓延，扰乱了自己的庆寿大典，所以一意主和。但她迫于形势和舆论，也曾故作姿态，说过"不得示弱"的话，甚至为掩人耳目，下过"停办点景、经坛、戏台"的"懿旨"，但随即就收回成命，继续大办庆典。又借机贬珍、瑾二妃为贵人，杀掉珍妃亲信内监，向主战的光绪皇帝施压，而且恶狠狠地声言："今日令吾不欢者，吾将令彼终身不欢！"[①]

后党们自然摸透了慈禧的心思，对"主和"不遗余力。孙毓汶与翁同龢等主战大臣"论事不合，至动色相争"[②]；徐用仪则强调"东人（指日本——引者注）之势方炽，未可轻战"[③]。作为甲午战争中清军总指挥的李鸿章，身任文华殿大学士、北洋大臣、直隶总督，大权在握，也极力迎合慈禧求和的心理。他既不愿失宠于皇太后，又想保全自己在北洋的实力，因此就成了"主和"阵营中举足轻重的角色。翁同龢等主战派虽有"清议"的支持，但在决策机构中却居少数地位，他们的主战活动步履维艰，每出一个主意，或提一项措施都会遇到重重阻力。年轻的皇帝虽倾向主战，手中却无实权。在军机大臣的会议上，除翁同龢、李鸿藻两人外，其余亲王、大臣都是主和的。

6. 中央地方争权夺利，各省督抚势力膨胀

进入近代以后，清王朝的政治体制还面临着一个突出的矛盾，就是中央和地方权力的再分配。著名的太平天国史研究专家罗尔纲先生认为，湘、淮军的出现，形成了"兵为将有"，一批立有军功的将帅纷纷出任督、抚等地方大员，"于是他们上分中央的权力，下专一方的大政，便造成了咸、同以后总督、巡抚专政的局面"[④]。且不论"督抚专政"的提法是否恰当，但有一点是可以肯定的，那就是清朝前期建立并逐步完善起来的中枢议政和决策体制已

---

① 　王芸生：《六十年来中国与日本》第2卷，第192页。
② 　《翁同龢日记》第5册，第2720页。
③ 　俞樾：《兵部尚书徐公墓志铭》。
④ 　《湘军兵志》第217页。

养心殿东暖阁垂帘听政处

养心殿东暖阁垂帘听政处侧面

发生了根本变化。

　　道光、咸丰以来，为镇压太平天国、捻军及西北、西南的少数民族起义，清政府不得不加重地方督抚的权力（而这时的地方督抚又大多是依靠办团练起家的汉族官员），一些地方大员被任命为钦差大臣、督办军务。后来在兴办"洋务"的过程中，一些握有实权的督抚，如曾国藩、李鸿章、左宗棠、丁日昌、沈葆桢、张之洞等又先后在辖区内办起军工、民用企业，通过办洋务也进一步扩大了势力。此外，鸦片战争后，地方督、抚还参与了对外交涉。咸丰以降，清廷为应付外国侵略者挑起的各种事端，不得不以直隶总督和两江总督分兼北洋、南洋通商大臣，承担大部分外交事务，授予他们代表中央政府与外国谈判、立约、办理通商、划界以及处置教案事宜等权力。随着地方督抚权力的膨胀，他们也就逐步成为集军事、政治、经济、外交、文化、教育各种权力于一身的地方军阀。

　　在清朝军队的内部，也存在着派系的隔阂。这里既有湘系、淮系的分野，也有北洋、南洋的区别。从甲午陆战看，战争前期，参战部队以淮军为主，平壤之役的总指挥叶志超、主力盛军统将卫汝贵（率6000人）所率均为淮军班底；战争后期，由于淮军在前线一再溃败，清政府不得不改用湘军，以两江总督、南洋大臣刘坤一督办东征军务，节制关内外各军，又谕令湘军旧将新疆布政使魏光焘、江苏按察使陈湜、道员李光久（湘军悍将李续宾之子）等各率所部开赴辽东前线。结果仍然是一触即溃，毫无战斗力可言。从海战看，清政府虽号称拥有北洋、南洋、福建、广东四支舰队，但实际参战的只有北洋海军一支，另有广东水师的"广甲"、"广乙"、"广丙"三舰临时归入北洋指挥系列。"广甲"、"广乙"均在海战中沉没，只有"广丙"一舰尚存。威海之战，北洋海军投降，威海卫水陆营务处提调牛昶昞，竟致函日本联合舰队司令伊东祐亨称："广丙"舰属于广东水师，"广东军舰不关今日之事，若沉坏其全舰，何面目见广东总督？愿贵官垂大恩，收其兵器铳炮，以虚舰交还，则感贵德无量！"[①]此信后

────────

① 桥本海关：《清日战争实记》第12卷，第419页。

来在日本报纸上披露，成为奇谈，传为笑柄！

还有一个典型的例子，把清朝海军各自为政、互不支援的怪象表现得淋漓尽致。大东沟海战后，北洋水师损失较重，李鸿章奏请派南洋水师支援，清廷下旨南洋："暂调南瑞、开济、寰泰三船迅速北来助剿"，可两江总督、南洋大臣刘坤一却以"东南各省为财富重地，倭人刻刻注意"为由予以拒绝。

总之，不改革腐朽、没落的专制政治体制，不以"去旧谋新为当务之急"，近代的中国是没有出路的。反观日本，正如伊东祐亨在致丁汝昌的"劝降书"中所说，正是认定了"以急去旧治，因时制宜，更张新政为国可存立之一大要图"。

二、日本政治制度的转型

从17世纪开始，日本开始了德川幕府的统治。1603年，德川家康自称征夷大将军，在江户（今东京）设立幕府政权，成为日本的最高统治者。德川幕府的统治长达264年，直到1867年才退出历史舞台。此时的天皇已被剥夺了统治大权，并受到严密监视，仅仅是国家的精神领袖而已。

"幕府"是日本的中央政权机关，地方上则由260多个"藩"控制，各藩的统治者叫"大名"，大名相对独立地拥有立法权、司法权、行政权、税收权，甚至还有自己的军队。幕府的将军和各藩的大名都是世袭的。为了抑制大名的离心倾向，幕府要求他们定期到江户"参觐"将军。

统治日本的德川幕府对内残酷剥削农民。18世纪末期，其地租率高达"六公四民，或七公三民"[①]。一本名为《世事见闻录》的书记载1816年左右日本贫苦农民的生活说，他们"衣不蔽体，饥寒交迫，住的地方更是墙塌壁倒，破陋不堪"，甚至被迫"须出卖亲生骨肉"。对外则实行"锁国政策"，从1633年2月至1639年7月，德川幕府连续五次颁布"锁国令"，内容包括：禁止出海贸易

---

① 松平定信：《国本论》。"六公四民"、"七公三民"分别指地租率约为全年收成的60%、70%。

及与海外往来，偷渡者处以死刑；取缔天主教；严密监视外国船只，严格管制其贸易活动。幕府实施锁国政策，抑制商品经济发展，也是为了从经济上维护封建剥削制度。长期锁国的结果，使日本的经济几乎同世界市场隔绝，严重影响了日本的经济发展，也导致了19世纪中叶日本面临严重的民族危机。

随着西方殖民主义势力东渐，其触角不断伸向日本，日本被迫"开国"。从1794年至1853年60年间，欧美国家（包括俄、英、美、法等国）"光顾"日本就达49次之多。特别是1853年，美国东印度舰队司令培理准将率领四艘军舰驶进江户湾，并强行登陆。翌年二月，美国七艘军舰又卷土重来，迫使日本开放下田、箱馆（即函馆）为通商口岸，美国商品在日享受最惠国待遇，同时还规定日本对美国船只负有海上救助的义务。1858年7月29日，日、美在江户签订了《日美友好通商条约》，美国获得了贸易自由权和领事裁判权，并规定美国货物只交纳百分之五的关税。随后，荷、俄、英、法等十几个西方国家相继仿效，迫使日本签订了类似条约，从而进一步损害了日本主权，使日本面临着半殖民地化的危机。

1. "藩政改革"与维新政权的建立

为了挽救经济危机，德川幕府在19世纪40年代曾搞了一次"幕政改革"。其意图在于限制新的生产方式和生活方式，恢复自然经济秩序。这种倒行逆施的"改革"因不得人心，不到两年就失败了。与此同时，地方各"藩"也进行了"藩政改革"。在这场改革中，西南地区长州、萨摩、佐贺、肥田等少数藩获得了成功。在改革中起主导作用的是与新兴地主（所谓"豪农"）和商人有联系的下级武士。下级武士原本是幕、藩领主的卫士，但从18世纪中叶起，武士等级的贫困、衰落已日益显现，下级武士由于经济地位恶化，产生了"恨主如仇敌"的强烈不满情绪。他们中的一部分人开始经营商业以谋生计，同商人阶层逐渐接近；另一些人则改业为教师、医生，补充了知识分子队伍。其中有人学习"兰学"（意指从荷兰传入的学问，实际上就是西学），接触西方文化，成为资产阶级在政治上的代言人。

日本西南部的部分强"藩"，经过19世纪三四十年代的"藩政改革"，实力大增。一批中下级武士出身的改革派逐步掌握了藩政实权。1865年3月，以高杉晋作、木户孝允、伊藤博文、井上馨（伊藤与井上1863年曾赴英国留学）为代表的改革派，挫败了藩内保守势力，一举夺取了长州藩政权，成为"倒幕"活动的一面旗帜。幕府的掌权者不甘心退出政治舞台，他们先后于1864到1865年发动了两次征讨长州的内战，结果一败涂地，于1866年被迫收

木户孝允

兵。但强藩的改革派武士不给幕府以喘息之机，1866年3月，长州藩的木户孝允同萨摩藩的西乡隆盛、大久保利通通过谈判结成了讨幕同盟，开始长、萨合作。1867年1月30日，压制讨幕派的孝明天皇突然去世，不到15岁的睦仁继位（即明治天皇）。讨幕派决定利用这一时机首先控制天皇，然后以他的名义夺取全国政权。1867年11月，萨摩、长州、艺州三藩的代表在京都召开秘密会议，确定了武力倒幕的行动计划。1868年1月3日，萨、长两藩的军队守卫皇宫，由天皇出面宣布了《王政复古大号令》，实质上是发动了一场政变。讨幕派罢免了幕府末代将军德川庆喜的职务，宣布废除幕府时期的官制，成立新的天皇政府。这场政变后，日本出现了京都的天皇政府和江户的德川幕府两个并存的政权，双方的斗争更加白热化。

2. "戊辰战争"，实行武装夺权

1868年1月下旬，德川庆喜统率大军从大阪进攻京都。新政府军以5000人迎战15000人的幕府军，在乌羽、伏见将其击败，然后四路并进，节节获胜。4月11日，德川庆喜献江户投降。继而，新政府军又征讨关东和东北地区的旧幕势力，迫使幕府海军总裁榎本武扬投降。日本内战以新政府军的全面胜

明治天皇

利而告终。这场内战因发生在戊辰年，故又称"戊辰战争"。战争历时一年又五个月，讨幕派军队战死了3500余人，幕府军阵亡4700余人。经过一次血与火的洗礼，幕藩领主势力被彻底打倒。这场战争的胜利，为"明治维新"的成功奠定了基础。

3. "明治维新"开始大刀阔斧改革

戊辰内战获得基本胜利后，新政府宣布改江户为东京，定为首都。1868年10月12日，天皇睦仁举行即位仪式，改年号为"明治"（取中国古籍《易经》中"圣人南面听天下，向明而治"一句）。由改革派武士掌权的明治政府从此开始了大刀阔斧的改革，这就是日本历史上的"明治维新"。

明治政府进行改革的首要问题，是结束藩国割据的局面，建立中央集权的统一国家。

1868年4月6日，新政府以天皇名义发布了《五条誓约》的施政纲领，其内容是：（1）广兴会议，万机决于公论；（2）上下一心，大展经纶；（3）公卿与武家同心，以至于庶民，须使各遂其志，人心不倦；（4）破旧来之陋习，立基于天地之公道；（5）求知识于世界，大振"皇基"。同一天，天皇又发布亲笔谕示："欲开万里波涛，布国威于四方。"《誓约》明确提出"万机决之于公论"，表示要仿照西方的政治制度，进一步改革政府体制。两个月后，即公布了新的政府组织法——《政体书》，由太政官总揽大权，下设立法机构（"议政官"，"官"是机构名称），行政机构（分行政、神祇、会计、军务、外国等五"官"），司法机构（"刑法官"），大体上模仿西方资产阶级国家"三权分立"的政权形式。《政体书》还规定，官吏要经过选举，任期四年。第一次更换时改选一半，两年后再改选另一半。

4."废藩置县"，官制改革

1869年7月，新政府通过"奉还版籍"取消了藩主对土地和人民的封建领有权。同时任命诸侯为藩知事。1871年8月，又"废藩置县"，彻底废除了藩国制度。全国行政区重新划分为3府（东京、京都、大阪）、72县。由中央政府任命县知事管理，旧藩主则迁至东京，领取国家俸禄。1869年8月，明治政府还实行了新的官制改革。在"太政官"上设"神祇官"，实行"政教一致"。"太政官"（"官"为机构名称）设有太政大臣、左大臣、右大臣、大纳言和参议，总揽政务。下设民部（内政）、大藏（财政）、兵部、刑部、外务、官内6省（长官称卿，次官称大辅）。同时设集贤院，作为行政部门的咨询机关。至1871年9月，再次改革官制，"太政官"分为正、左、右三院，正院拥有立法、行政、司法的决策权，设太政大臣（相当总理）、参议等职位。正院下设8省（大藏、工部、兵部、司法、官内、外交、文部和神祇等），各省长官（卿）由天皇委任；右院是各省长官（卿）、次官（大辅）组成的协商机构，草拟法案，审议各省重要事项；左院主管立法，设议长一人，但因决定权在正院，左院实质上也只是个咨询机构。

奉还版籍后，新政府即着手改革封建等级制度，废除"大名"（诸侯）和"公卿"（宫廷贵族）的称号，改为"华族"；幕府直属家臣（"旗本"）、各藩的"藩士"和一般武士改为"士族"和"卒"；从事农工商业的农民、市民和手工业者以及僧侣、神官都称"平民"，后又废除"秽多"、"非人"等贱民称号。

"讨幕派"通过王政复古、戊辰战争、奉还版籍、废藩置县、官制改革等举措，用了大约三年半的时间，解决了国家政权问题。封建领主势力被摧垮，政权转移到代表新兴地主和资产阶级利益的中下级武士手中，政治体制实现了成功转型。

明治政府实行废除封建制度的一系列改革后，封建武士的特权丧失殆尽。他们当然不甘心失败，遂于1874至1876年间发动了一系列武装叛乱，但最后都被镇压下去。不过，在明治政府内部，当时也发生了激烈的争论。一方是以右

大久保利通

大臣兼外务卿岩仓具视、大藏卿大久保利通为核心的"内治派"，主张"内治优先"，要求先把日本建成一个独立、富强的近代化国家；另一派以参议、陆军大将西乡隆盛为首，对内主张恢复士族的特殊地位，对外提出"征韩论"。当然，在对外扩张上，两派并无实质区别，只是在时机选择上有所不同。两派争论的结果，"内治派"获胜，西乡隆盛愤而辞职，返回故乡鹿儿岛。回乡后的西乡得到反政府武士的拥戴，不断扩充

西乡隆盛

自己的势力，俨然成为独立王国。1877年2月，西乡一派人终于挑起了一场大规模内战，因鹿儿岛地处日本西南部，故这次内战又称"西南战争"。战争共进行了七八个月，结果西乡隆盛负伤自杀，叛乱被镇压下去。西南战争后，日本国内的军事行动宣告结束，这使得明治政府能进一步扩充军备，全力准备对外用兵。对内也可放手推行一系列发展资本主义的措施，通过执行"殖产兴业"和"文明开化"等政策，推进了日本近代化的进程。

5. 颁布《宪法》，显示军国主义特征

当然，日本政治体制改革的根本性要求还是立宪法、设议会。

明治维新开始后，一部分受西方民主政治影响的资产阶级知识分子不满天皇政府的专制统治，在劳工运动的推动下，发起了"自由民权运动"。他们组织政治团体，创办报刊，宣传"天赋人权"和"主权在民"的思想。1881年10月，日本第一个近代政党——自由党成立，但遭到日本政府的打压。不久，自由党总裁坂垣退助遇刺，负伤出国，"自由民权运动"走向低潮。但这一运动的影响力不容低估，明治天皇不得不答应于1890年成立国会。1889年2月，天皇政府颁布了《大日本帝国宪法》，规定国会由贵族院和众议院组成。贵族院由旧贵族的代表及天皇特别任命的议员组成；众议院则经选举产生。因有财

产等条件规定，居民中只有百分之一的人享有选举权。1890年7月，经选举产生了众议员。10月，第一届帝国议会召开，并通过了日本第一部宪法。

据日本宪法规定，国家元首为天皇，天皇神圣不可侵犯，且拥有宣战、缔约、任免高级文武官员及召开、解散国会等权力。内阁（政府）由首相及各省（部）大臣组成，直接对天皇负责，不受议会约束。军队独立于议会和内阁，只受天皇指挥。议会的权力只限于审议预算，对政府提出咨询和建议。此外，另设枢密院，由政界元老和重臣组成，是天皇的最高顾问团。所谓的《大日本帝国宪法》确立了日本近代的天皇制，议会权力很小，形同虚设，特别是军队的独立性和强大影响力，决定了日本国家的军国主义特征。

三、中、日两国政治体制之优劣

清朝的封建专制制度与日本的君主立宪制度相比，孰优孰劣？当时在两国官员和知识分子阶层间就曾有过争论。

1. 两国高官的一场争论

1875年（光绪元年），日本明治维新刚刚起步，立宪制度尚未确立，时任北洋大臣兼直隶总督的李鸿章与日本驻华公使森有礼，就曾在学习西方的问题上有过一场争论。森有礼强调："不论何事，善于学习别国的长处是我国的好传统"，"我国不愿意怠慢致贫，而想勤劳致富，所以舍旧就新"。"正如我国自古以来，对亚洲、美国和其他任何国家，只要发现其长处就要取之用于我国"。而李鸿章则答道："我国决不会进行这样的变革，只是军器、铁路、电信及其他器械是必要之物和西方最长之处，才不得不采之外国"[1]。虽然两人的争辩是从改变服饰的话题引起的，但真正的着眼点则在政治制度的变革上。当时，李鸿章的观点是："我国决不会进行这样的变革。"

---

[1]　实藤惠秀：《中国人日本留学史稿》第63～64页，1939年版。

森有礼和李鸿章的辩论，20年后便有了答案。1894年底，中、日战争大局已定，日本侵略者开始以胜利者的姿态给自己的对手上课了！当时，日本联合舰队司令官伊东祐亨中将致书清北洋海军提督丁汝昌（"劝降书"由日海军教官高桥作卫起草）说："我国实以急去旧治，因时制宜，更新国政，以为国可存立之一大要图。今贵国亦不可不以去旧谋新为当务之急，亟从更张。苟其遵之，则国可相安，不然，岂能免于败亡之数乎？"[1]伊东的劝降书并非一无可取，至少他讲出了一条真理："去旧谋新为当务之急"。日本能打败清朝统治下的中国，一个重要的因素是它能"急去旧治，因时制宜，更张新政"。

2. 先进的中国人开始寻求救国救民之道

当然，面临民族危机的不断加深，中国人也并非无动于衷。自鸦片战争以后，一些先进的中国人就开始踏上一条寻求救国救民道路的曲折历程。他们研究对手，放眼看世界。林则徐、魏源、徐继畲等人编译了《四洲志》《海国图志》《瀛环志略》等书，介绍西方国家的地理、历史、风土人情、经济、政治等。对美国的资产阶级民主制度，魏源的评价是，既"公"且"周"，盛赞其"一变古今官家之局"，"议事听讼，选官举贤，皆自下始，众可可之，众否否之，众好好之，众恶恶之，三占其二，舍独徇同"[2]。19世纪60年代，冯桂芬（1809～1874）撰《校邠庐抗议》，明确提出"君民不隔不如夷"。在他的手稿中，曾对美国总统"传贤不传子"，"视所推最多者立之"，表示赞赏（勘刻时因不敢犯"忌"而删去）。进入19世纪80年代，要求君主立宪的呼声渐次高涨，郑观应（1842～1922）在《盛世危言》中指出："泰西各国，咸设议院，每有举措，询谋佥同。民以为不便者，不必行，民以为不可者，不得强，朝野上下，同心同德，此所以交际邻封，有我薄人，无人薄我。人第见其士马之强壮，炮船之坚利，器用之新奇，用以雄视宇内，不知其折冲御侮，合众志以成

① 译文载蔡尔康辑：《中东纪事本末》第5卷。
② 《海国图志》卷五九。

城，制治固有本也。"①

以上诸人都是各自著书立说，发表主张。而明确向清政府提出实行"立宪"建议的当首推翰林院官员崔国因。1883年（光绪九年），崔国因上折指出10条"自强之道"，其中第九条就是"开议院"。他说："设议院者，所以因势利导，而为自强之关键也。"② 随后，郑观应也"上书政府，请开国会"，但均被清政府"以狂妄之言"而予以驳斥。更有影响的是，时任两广总督张树声（1824～1884）在临死前的《遗折》中提出："论政于议院，君民一体，上下同心，务实而戒虚，谋定而后动，此其体也。轮船、大炮、洋枪、水雷、铁路、电线，此其用也"，并希望皇帝能"采西人之体，以行其用"③。这位清廷的地方大员能公开提出设议院的要求，在当时也算得上是石破天惊了！但张树声上奏的时间选择在自己行将就木之际，其建议又是在《遗折》中提出来的，足见发表此类言论在当时将会冒多么大的政治风险。

当日本已经着手改革自己的政治体制时，清政府统治下的中国关于这方面的改革还遥遥无期，仅仅是停留在少数知识精英和个别开明官员的议论阶段。当权者则视西方式的议会民主为洪水猛兽，甚至连被称为"有眼光的政治家"、"对时代认识最清楚"的李鸿章（萧一山语），都不敢触碰这道"红线"，只能做出"我国决不会进行这样的变革"的表态。

尽管日本建立的君主立宪政体是以天皇为中心的集权制，议会权力非常有限，但当时日本社会毕竟有了政党，有了选举制，有了国会，比起清王朝的封建君主专制来，是一个巨大的进步。政党、议会、宪法这些中国维新派梦寐以求的东西在日本都变成了现实，两国当时政治体制的优劣一目了然。怪不得晚清一些维新志士决心以日本为师，赞叹日本"进步之速，为古今万国所未有"④。

① 《盛世危言议院》。
② 《槖实子存稿》第23页。
③ 《张靖达公奏议》。
④ 黄遵宪：《日本杂事诗定稿本自序》。

第二章

走马赏花
与下马看花
——中、日学习观之比较

19世纪四五十年代，中、日两国都面临着西方列强武装入侵的共同危局，都有可能沦为殖民地、半殖民地国家。因此，两国的有识之士，都有向敌人学习，武装自己，挽救民族危亡的共同愿望。但学习的指导思想、态度和面临的困难、问题却有所不同。

一、"学习西方"的不同指导思想

在近代中国，林则徐、魏源最早提出了向西方学习的主张。林则徐上奏皇帝，要"师敌之长

林则徐

技以制敌"①；魏源则在《海国图志》自序中说："是书何以作？曰：为以夷攻夷而作，为以夷款夷而作，为师夷长技以制夷而作"。他们的忧患意识和学习西方的主张在当时的思想界振聋发聩，确实起到了开榛辟莽的作用。

1."中体西用"与"和魂洋才"

到19世纪60年代初，改良派思想家冯桂芬最早提出了"中体西用"的思想。1861年（咸丰十一年），他在《校邠庐抗议》一书中说："以中国之伦常名教为原本，辅以诸国富强之术。"而一字不差地用"中学为体，西学为用"来表述此种思想的则见之于沈寿康《匡时策》一文（1896年）；1864年，李鸿章在致总理衙门的信中，也明确表示："中国文武制度，事事远出西人之上，独火器万不能及"，"中国欲自强，则莫如学习外国利器"②；左宗棠大力提倡学习西方的"长技"，但他也只把这种"长技"看作一种"技艺"，且明确表示"究不能离道而言艺"，因为有个"本末轻重之分"③。在他看来，学习西方的"艺"（指先进的科学技术），不能离开中国的"道"（指封建专制制度及其思想体系），否则就是本末倒置。李鸿章和左宗棠的意见代表了洋务派学习西方的共同观点。当然，他们并不排斥"变法"，比如李鸿章就提出"能自强则必先变法与用人"④；左宗棠也说："我国家自强之道，莫要于捐文法（"捐"即舍弃之意——引者注），用贤才"⑤。但他们所讲的"变法"，并不要触动国家体制，洋务派面对"以守法为兢兢"的现实，只能发出"中国风气未开，积重难返，创举一事，非大力者不能有成"的叹息。⑥

在日本，则讲"和魂洋才"。所谓"和魂"，其实就是传入日本的儒家思想，"洋才"则是指西方国家的科学技术。从字面上看，似乎与"中体西用"有相

① 魏源：《道光洋艘征抚记》。
② 《同治朝筹办夷务始末》卷25。
③ 《左宗棠全集·札件》第576页。
④ 中国近代史资料丛刊《洋务运动》第一册，第52页。
⑤ 中国近代史资料丛刊《洋务运动》第一册，第19页。
⑥ 《洋务运动》第一册，第540页。

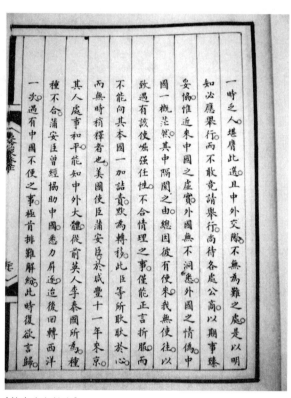

《筹办夷务始末》

通之处。但实质上是有所不同的。"中体西用"是把"体"和"用"割裂开来，对立起来，二者似乎水火不容。清朝"洋务运动"所标榜的"中体西用"更强调以"中体"为核心，即纲常名教、政治体制不可变易，不可动摇；而日本明治维新时强调的"和魂洋才"着眼点在于突出东、西方文化思想的融合，具有兼收并蓄的积极意义。

2. 产生不同学习观的原因

洋务运动和明治维新在学习西方这一点上确有相似之处。但在根本目的和实际运用上，却有着巨大差异。形成这种差别的原因是多方面的。

首先，是中国的历史包袱要比日本沉重得多。中国是世界文明发达最早的国家之一，也是儒家文化的发源地，它的经济实力、文明程度，长期以来在世界上都处于领先地位。因此，清王朝有一种盲目、自大的优越感，总以"天朝上国"自命，产生了一种华夏至上、中国中心的文化心态，更容易对外来文化表现出一种排拒心理。日本则与中国不同，在历史上，它的社会发展比中国慢，但它具有吸收外来文化的优良传统和特殊能力。它善于把其他民族先进的文化吸收过来，加以消化，然后本土化。这样一种好传统不断推动着日本社会的进步。

其次，中、日两国近代学习西方的态度之所以不同，还因为两国在社会条件上存在差异。中国是一个典型的农业国家，自给自足的自然经济占着统治地位，内部结构相当稳定。在漫长的封建社会中，重农抑商的传统政策严重阻碍着商品经济的发展，"商业精神"和"功利思想"受到抑制和鞭挞。反观日本，在接受西方资本主义文化之前，虽然也是农耕型社会，但与中国的土地制度有所不同，主要是一种庄园领主制，内部分工比较明确，庄园手工业相对比较发达，这就为庄园间的经济交换创造了条件，也进一步促进了商品经济的发展。在日本，商人的力量十分活跃，德川幕府时代，江户就流传着"大富商一怒，而天下大惧"的说法。日本经济结构的这一特点，为日本接受西方文化准备了内因条件。

英使乔治·马戛尔尼

最后，中、日自然条件的不同，也对两国学习西方的政策产生了影响。中国是个大陆国家，幅员辽阔，资源丰富，气候适宜，耕地较为充裕，适合农耕经济的发展。这也从某种程度上助长了统治者耽于安逸、封闭锁国的心态。正如乾隆皇帝托英使马戛尔尼捎给英王乔治三世的信中所说："天朝物产丰盛，无所不有，原不藉外夷货物，以通有无"，虚骄心态显露无遗。而日本则是个岛国，四面环海，土地狭小，资源贫乏，只能算个半农耕国家。在中世纪时，国内已孕育着大量的工商因素，并产生了类似英国的商业精神，这也为日本从封建社会向资本主义转型奠定了基础。

二、蒲安臣使团与岩仓使团

19世纪60年代末70年代初，中国和日本先后向西方派出了庞大的外交使团。这两个外交使团出访的时间、路线、访问的国家相差不多，但他们出访的目的、任务、人员组成、出访表现及产生的作用和影响却大相径庭。

1. 由美国人带领的清朝使团

清王朝一向以"天朝上国"自居，标榜"王者不勤远略"，往往只是当藩属国王位交替时才遣使"册封"，一般是不对外派遣使节的。鸦片战争以后，西方侵略者连樯而至，国门洞开，列强要求清廷遣使出洋，以便中国融入他们设计并控制的世界体系中。同时，第二次鸦片战争（1856~1860）后，随着西方公使驻京和总理衙门的设立，中国也开启了近代外交之门，遣使出洋的问题

1868年蒲安臣使团全体成员合影。左起：庄椿龄、桂荣、联芳、凤仪、德善、孙家谷、蒲安臣、志刚、柏卓安、张德彝、塔克什讷、延辅臣、亢廷镛。

自然就提上了议事日程。遣使的直接动力是"修约"问题的迫近。据1858年中英《天津条约》第二十七款规定，所定税则和通商各款，十年期满，可以"酌量更改"。1868年（同治七年），正好是"十年期满"的节点，清廷为此事颇费脑筋。主持内政、外交的恭亲王奕䜣及其同僚估计"来岁换约，彼必厚集其势，以求大遂所欲，恐不能由我为政"[①]。他们认为，如向外国遣使，既可"探其利弊，以期稍识端倪，借以筹计"，又可制约外国驻华公使遇有"不合情理之事"，便可"向其本国一加诘责，默为转移"[②]。为未雨绸缪，清廷于1866年（同治五年）即发布上谕称："至所论外交各情，如中国遣使分驻各国，亦系应办之事"[③]，表明了遣使的意愿。但到具体操办时，如何处理中外礼仪的纠葛（即使臣对外国元首是否行三跪九叩礼）以及使臣人选问题，仍让清廷颇费周章。终于，一个奇怪的想法出现了："用中国人为使，诚不免为难，用外国人为使，则概不为难"[④]。正是在这一荒诞思维指导下，一个由美国卸任驻华公使蒲安臣为团长（正式头衔是"办理各国中外交涉事务大臣"）的中国

① 《筹办夷务始末》同治朝卷四九。
② 《筹办夷务始末》同治朝卷三九、卷五一。
③ 《筹办夷务始末》同治朝卷四〇。
④ 《筹办夷务始末》同治朝卷五一。

外交使团组成了。这一乖张之举成为世界外交史上的笑谈。

蒲安臣使团共有三位团长，除蒲安臣外，还有两位总理衙门章京（办事官员）志刚（记名海关道）和孙家谷（礼部郎中），出使前，为抬高两人的地位，又分别把他们的官品由正四品、正五品"均赏加二品顶戴"。另外，为平衡英、法两国，又聘英国人柏卓安（英国驻华使馆翻译）、法国人德善（中国海关职员）为左、右协理。这个使团的任务就在于"笼络外洋"，增强在修约谈判中的地位，使洋人在谈判中要价不至太苛。这个"华洋合璧"、不伦不类的使团从1868年（同治七年）2月25日出发，至1870年（同治九年）10月归国，历时两年八个月，访问了美、英、法、瑞典、丹、荷、普、俄、比、意、西等11个西方国家。这是清政府正式遣使出洋的首次尝试。这个外交使团虽然也安排了两位中国人当团长，但志刚、孙家谷对外交一窍不通，出使中完全由蒲安臣包揽了一切外交谈判，甚至在中、美有关签约的会谈中，志刚、孙家谷并不与闻，完全由蒲安臣与美国国务卿西华德沆瀣一气，共同炮制了《中美续增条约》（也叫《蒲安臣条约》）。对此，美国方面极为满意，西华德就曾得意地表示，这项条约"囊括了本政府认为当前在1858年条约直接修正中所必须调整的所有事项"[1]。实际上，蒲安臣的行为完全是越权的，因为清廷并没有授予他与外国订约的权力。1870年2月23日，蒲安臣病死于俄国圣彼得堡，由志刚接任使团领导，又继续访问了比利时、意大利和西班牙，于1870年8月起程回国。清政府派出的第一个外交使团，为中国近代外交使节制度的建立迈出了重要的一步，但它并没有对中国社会的进步造成显著影响。

2. "求知识于世界"的岩仓使团

就在清廷第一个正式的外交使团回国后一年零二个月，日本政府派出的庞大对外使团出发了。这个使团由右大臣岩仓具视亲自率领，任特命全权大使，参议木户孝允、大藏卿大久保利通、工部大辅伊藤博文、外务少辅山口尚芳任

---

① 威廉士：《蒲安臣与首次遣往外国的中国使团》第147页。

副使，成员还包括政府各省（即各部）选派的官员共48人，另外还有59名留学生（包括5名女生）随行。其出使目的非常明确，就是要"求知识于世界"，具体地说，除交涉修改不平等条约外，主要是想通过对西方国家的实地考察，

岩仓使团首脑

为日本国内的改革吸取可资借鉴的经验。太政大臣（相当于总理）三条实美对这次出使寄予了很大希望，他在送别辞中说："外交内治，前途大业，其成与否，实在此举"①。日本这次组团出访，不但规格高，权威性大，而且人数多，目的明确，这是清廷派出的蒲安臣使团不能够望其项背的。

岩仓使团从1871年12月出发，到1873年9月回国，总计一年又九个月，先后访问了美、英、法、比利时、荷兰、德、俄、丹麦、瑞典、意大利、奥地利、瑞士等12个国家。此时的欧美，正是自由资本主义发展到高峰的时期，物质文明和精神文明空前繁荣。日本使团广泛会见各国首脑、政府官员及各界人士，考察了政府机关、议会、法院以及公司、交易所、工厂、矿山、港口、农牧场、兵营、要塞、学校、报社和福利机构，并参观了名胜古迹和博览会。亲身接触了西方资本主义文明，犹如《红楼梦》里刘姥姥进了大观园，一切都是新奇的，对他们的思想产生了巨大冲击。当时随团的留学生中江兆民后来回忆说："目睹彼邦数百年来收获蓄积之文明成果，粲然夺目，始惊、次醉、终狂"②。使团团长岩仓具视也深有感触地说，他们在西方的所闻所见"与昔日之思虑大相径庭之处不少"③，日本初期的改革与西方相比，"多属皮毛之事"④。岩仓还检讨对国内改革的认识说："我今日之文明非真正之文明，我今日之开化非

---

① 大久保利谦：《岩仓使节团研究》第184页。
② 小西四郎、远山茂树编：《明治国家的权力与思想》第158~159页。
③ 石塚裕道：《日本资本主义成立史研究》第88页。
④ 芳贺彻：《明治维新与日本人》第238页。

岩仓使团出访欧洲图

真正之开化。"① 这次出使虽然没有完成修改不平等条约的使命，但在总结日本如何向西方学习，如何进行富国强兵，以及今后施政方针的制订等方面起到了重要的推动作用。

首先，这次出使让日本的改革派进一步认识到"富国"是治国之本，要使国家富强起来，就必须发展工商业。通过对号称"世界工厂"的英国的参观访问，他们认识到西方国家之所以能够繁荣昌盛，关键在于有发达的近代工业和广泛的国际贸易。大久保利通回国后说："大凡国之强弱，由于人民的贫富，人民之贫富系于物产之多寡"，故此必须培养根本之实力，"而所以养实力者无他，专在殖产厚业之实务而已"②。

其次，改革派认识到必须改革政治体制，健全法制，特别应制定作为国家根本大法的《宪法》。木户孝允就说："各国事迹虽有大小文鄙之差，然究其所以废兴存亡者，要之唯在于顾其政规典则（指宪法、法典）之隆替得失如何"③。大久保利通等都很欣赏德国的君主立宪政体，认为"尤当取者，应以普国为第一"④。

最后，改革派们在经济、政治改革之外，还重视移风易俗，改革教育。木户孝允认为，要使国家富强，依靠少数人是不够的。因此必须提高国民的整体素质。他说："欲使我国推进全民之开化，开发全民之智慧，以维持国家权力使独立不羁，虽有少数人才出现仍十分困难。"因此，"其为急务者，莫先于学校"⑤。通过普及教育来推进"全民开化"，

岩仓具视

① 后藤靖：《自由民权运动的展开》第16页。
② 日本科学史学会编：《日本科学技术史》第一卷，第221~222页。
③ 大津淳一郎：《大日本宪政史》，第一卷第82页。
④ 《明治国家的权力与思想》第144页。
⑤ 后藤靖：《士族叛乱之研究》第16页。

为国家近代化源源不断地培养人才。

总之，日本的改革派们通过对西方先进国家的实地考察，进一步认清了国际形势以及日本当时所处的国际地位。在尔虞我诈、以强凌弱的国际环境中，一个国家、一个民族要求生存、求发展，就只能充实自己的实力，以实力说话；要自立于世界民族之林，首先必须富国强兵；要富国强兵，则应从发展经济入手。所以，使团归国后，大久保利通特别强调："施政方针专在教育、殖产、工业、贸易、航海等事业上，大奖励之"①。

岩仓具视在一份奏折中，总结了自己的欧美之行。他从修改不平等条约碰壁一事说起："修改［条约］之事，一大至难之业，非理论口舌之所能致，若非实效实力，无论如何不能达我所期望。而其使实效实力彰著，非徒学彼之皮相，修饰其体面所能致。必务国政之整备，谋民力之富赡，尽文明进步之道，否则不能使之彰著……依据实践之经历，察欧美各国形势之大要，国势、民力、政教、治务，其所由者，无不出自根柢深则枝叶自茂之理。故我政治之急务不可专致力于此，留意于此，奋励从事"②。在岩仓具视看来，整国政，富民力，讲文明，就是日本向西方学习的根本之道。

中、日两国几乎在同时各自向欧美国家派出了外交使团。从表面上看都担负着如何应对与西方国家修改条约的任务，但其根本目的是不同的。从清朝看，是一种被动式的反应，只为了应付眼前的局势，使团成员级别较低，眼光浅薄，归国后既提不出有见识的改革之策，也无权过问国家大政。所以，这次出使对推进中国近代化进程并没有产生重大影响。朝廷施政、用人依然故我。日本则完全不同。使团的主要成员在政府中握有实权，出使目的明确，眼光敏锐，有强烈的求知、求新愿望。通过此次出访，开阔了眼界，坚定了从根本上学习西方，把日本建成独立、富强的近代化国家的决心，也明确了日本改革发展的方向，有力推动了明治维新和日本的近代化。

两种不同的出使态度，两种不同的学习观，导致了结果的完全不同。

---

① 土屋乔雄：《明治前期经济史研究》第一卷，第37页。
② 春亩公追颂会编：《伊藤博文传》上册，第1027～1028页。

第三章

"采西学，制洋器"
与"殖产兴业"
——中、日发展经济之比较

一、清廷的"求强"、"求富"

鸦片战争（1840～1842）在中国历史上是个划时代的事件。在此之前，中国社会是一个相对完整的封建社会，自给自足的自然经济占主导地位。当然，其内部也并非铁板一块。因为商品经济的发展是不可抗拒的发展趋势。从明朝中叶以来，由于商品经济发展，中国社会已经孕育出资本主义的萌芽，并在清代中叶有了进一步发展。以江南丝织业为例，康熙末年取消了对机户拥有织机的限制后，"有力者畅所欲为，至道光年间遂有开五六百张机者"①，雇佣工人达千人以上。另外，在广东，一些商人投资开铁矿和冶炼，"铁炉不下五六十座"，"佣工不下数万人"②。但是，这种资本主义因素由于封建社会内部小农业和家庭手工业的紧密结合，使生产力的发展受到很大限制，具有资本主义性质的生产关系仅仅是一棵微弱的嫩芽，没有能发展成一支能突破封建生产关系的独立力量。

1. 中国的大门被迫打开

鸦片战争后，英国人用鸦片和大炮打开了中国的大门，在较短时间内，西方资本主义国家的商品开始涌入中国市场，对中国部分地区的自然经济起了很大的分解作用，一部分农民和手工业者破产后流入城市，提供了劳动力市场。同时，外国机器工业制品在与中国手工制品的竞争中所显示的优越性，也刺激了中国人引进先进技术和采用资本主义生产方式的愿望。李鸿章在两相比较后，就曾这样分析道："溯自各国通商以来，进口洋货日增月盛……出口土货年减一年，往往不能相敌。推原其故，由于各国制造均用机器，较中国土货成于人工者省费倍蓰，售价既廉，行销愈广。自非逐渐设法仿造，自为运销，不足以分享其利权"③。

外国资本主义对中国社会经济的分解作用，在东南沿海地区表现尤为明显。如洋布的输入，就打击了江南某些地区的家庭纺织业。1846年（道光二十六年），著名经世派学者包世臣（1775～1855）曾这样描述："近日洋布大行，价档梭布（指手织土布——引者注）三分之一。吾村专以纺织为业，近闻已无纱可纺，松、太布市，消减大半"④。第二次鸦片战争（1856～1860）后，侵略者在华取得了更多权益，英国纺织品因其设备先进、成品低廉而大量输入中国。洋纱排挤土纱，洋布取代土布的趋势日益严重，中国的自然经济进

---

① 同治《上元江宁县志》卷七，《食货考》。
② 鄂弥达：《清开矿采铸疏》，《皇朝经世文编》卷五二。
③ 《李文忠公全书》奏稿卷四三，第43页。
④ 包世臣：《答族子孟开书》，《安吴四种》卷二六。

一步分解。

西方列强发动的两次鸦片战争，不同于中国历史上的任何战争，从某种意义上说，它是两种社会制度、两种文化形态激烈较量的表现，即便它不一定要以改朝换代为目的，要使整个中华民族沦为西方列强的殖民地、半殖民地，使清朝政府变成对侵略者服服帖帖的"洋人的朝廷"。对于清政府来说，则是遇到了历朝历代都不曾面对过的局面和对手。正如李鸿章所说，当时中国所面临的形势是"数千年未有之变局"，直面的对手是"数千年未有之强敌"，因此，任何"投之以古方"的设想和行动都无济于事。于是，地主阶级中一些有识之士开始了新的探索，以寻求切实有效的御敌之策。他们中的优秀代表是林则徐、魏源、姚莹等。

魏源

林则徐被史家称为"睁眼看世界的第一人"。他"日日使人刺探西事，翻译西书，又购其新闻纸"，并组织人翻译了英文版的《世界地理大全》，编成《四洲志》一书。魏源则于1842年12月编成《海国图志》50卷，五年后重刊时扩编至60卷。1852年，该书更增至100卷88万余字，成为当时全面介绍世界情况的一部百科全书。1851年，《海国图志》传到日本，立刻供不应求，洛阳纸贵，仅从1854年至1856年间，日本刊印的《海国图志》就有20余种版本之多，传播速度令人吃惊。1847年，姚莹撰成《康輶纪行》16卷，内容涉及英、法、俄及印度等国的历史、地理知识。姚莹明确提出他"喋血饮恨"撰写此书的动机，就在于"欲吾中国童叟皆习见习闻，知彼虚实，然后徐筹制夷之策"①。

值得注意的是，世界近代化潮流的冲击，也给当时正轰轰烈烈进行的太

---

① 姚莹：《东溟文后集》卷八。

平天国农民革命打上了时代的烙印。由洪仁玕提出、经洪秀全批准的《资政新篇》，系统阐明了学习西方资本主义的主张。洪仁玕强调要学习"邦法"，发展近代工矿企业，制造火车，修筑铁路，开办邮政、银行，准许雇工，实行专利制度，以利"商贾市民"。尽管这个纲领未能实行，但却是近代中国第一个要求发展资本主义的方案。

2. "救时第一要务"的提出

要御敌，要制夷，就要自强；要自强，就要学习西方。而学西方，首当其冲的就是学习制造，发展经济。中国人把这种认识提高到政策层面，并转变成行动是19世纪60年代的事。

1860年12月19日（清咸丰十年十一月初八），在英、法联军攻陷北京，火烧圆明园之后，时任两江总督的曾国藩向清廷提出了"将来师夷智以造炮制船，尤可期永远之利"的主张[①]。20多天后，恭亲王奕䜣，大学士桂良（奕䜣的岳父）、户部左侍郎文祥上《统计全局折》，提出"以救目前之急"的六条

曾国藩

办法：（一）"京师请设总理各国事务衙门，以专责成"；（二）"南北口岸请分设大臣，以期易顾"；（三）"新添各口关税，请分饬各省就近拣派公正廉明之地方官管理，以期裕课"；（四）"各省办理外国事件，请饬该将军、督、抚互相知照，以免歧误"；（五）"认识外国文字、通解外国言语之人，请饬广东、上海各派二人来京差委，以备询问"；（六）"各海口内外商情，并各国新闻纸，请饬按月咨报总理处，以凭核办。"1861年1月21日，奕䜣等又上奏建议购买、

---

① 《曾国藩全集》奏稿二，第1272页。

制造洋枪洋炮，并雇佣法国工匠传授制造技术。三天后，咸丰帝发布"上谕"，指示两江总督曾国藩、江苏巡抚薛焕"酌量办理"，从而拉开了"自强新政"（学术界也称"洋务运动"）的序幕。

1861年7月7日（咸丰十一年五月三十），奕䜣等再次奏请购买外国船炮，强调此举"无非为自强之计，不使受制于人"①。9月8日，曾国藩奏称，奕䜣等关于购买外洋船炮的建议"为今日救时之第一要务"，一旦拥有先进船炮，则"可以剿发逆，可以勤远略"②，即可以同时应对内忧外患。

在办洋务的代表人物中，除曾国藩外，当首推李鸿章。他一生与办洋务相始终，是"自强新政"的积极倡导者。他甚至天真地相信："中国但有开花大炮、轮船两样，西人即可敛手"③。另一位倡办洋务的佼佼者左宗棠也于1866年上疏清廷，着重强调加强海防建设的重要性："自海上用兵以来，泰西各国火轮、兵船直达天津，藩篱竟成虚设，星驰飙举，无足当之"，"臣愚以为欲防海之害而收其利，非整理水师不可；欲整理水师，非设局监造轮船不可。泰西巧，而中国不必安于拙也。泰西有而中国不能傲以无也"④。

3. 从军事领域开始办洋务

办洋务、发展经济，首先从军事领域开始并非偶然，甚至带有一定的规律性。因为近代中国要建设海防，以对抗来自海上的入侵者，乃形势使然。有眼光的中国人正是从"落后就要挨打"的历史教训中，逐步接受了近代化的观念。同时，"一般说来，军队在经济的发展中起着重要的作用"⑤。军事活动与经济发展有着极其密切的联系。首先打开中国人眼界，让国人震惊的就是西方的坚船利炮，因此引进并自造先进的船炮，创办近代军事工业就成了办洋务者的首选。

① 《筹办夷务始末（咸丰朝）卷七九。
② 《曾国藩全集》奏稿三，第1603页。
③ 《李文忠公全集》，朋僚函稿卷三"上曾相"。
④ 《左宗棠全集》奏稿三，第60～61页。
⑤ 《马克思恩格斯选集》第4卷，第335页。

我国最早生产近代武器的工厂诞生于1861年12月，曾国藩罗致了多名精于机括、数理的学者和熟练工匠，在安庆设立了内军械所，开始制造洋枪、洋炮。该所成立仅七个月，就试制了我国第一台蒸汽机雏型。1864年，内军械所迁至江宁（今南京），又试制成功一艘蒸汽轮船，命名"黄鹄号"，虽然"行驶迟钝，不甚得法"，但坚定了中国人自造轮船的信心。安庆内军械所设备简陋，未雇洋匠，而且缺乏机器，以手工制造为主，产品也仅限于子弹、火药、炸炮等。

李鸿章

1863年，李鸿章在上海设立了三所洋炮局，一所由英国人马格里主持，雇用四五名外国工匠，并陆续使用汽炉、打眼机、铰螺旋机、铸弹机等设备；另两所分别由丁日昌和韩殿甲主持，没有聘请洋匠，完全采用手工劳动。由丁、韩主持的两所炮局，后来合并到江南制造总局。江南制造总局的前身是位于上海虹口的旗记机器铁厂，由美商设立，1865年6月，曾国藩、李鸿章将其收买，改名江南机器制造总局，简称沪局。后又将容闳从美国购回的机器并入，成为近代中国第一个大型兵工厂。马格里主持的炮局一度由上海迁至苏州，1865年夏，再迁至江宁，扩建为金陵机器局，简称宁局。

江南制造总局是洋务派官员创办的第一个大型军事企业，开始规模很小。1867年由虹口迁至城南高昌庙镇，分设机器厂、汽炉厂、木工厂、铸铜铁厂、熟铁厂、轮船厂、枪厂、船坞等。1870年，厂址面积由70余亩扩展至400余亩。后又增设黑色火药厂、枪子厂、火药库、炮厂、炮弹厂、水雷厂、炼钢厂等。到1893年时，共建成15个分厂，同时还设立了广方言馆（培养外语人才）、炮队营、工程处、翻译馆等十几个附设机构。到1890年，全局职工人数为2913人，加上管理人员达3592人。全局共有大小车床、铇床、钻床等工作母机662台，大小蒸汽动力机361台，大小蒸汽锅炉30座，总马力为6138匹。

江南制造总局

1867年，江南制造总局创设枪厂。起先只能造旧式前膛枪，1871年起仿造林明敦式撞针后膛枪。1883年，又仿造美式黎意单发后膛枪。从1890年以后，开始生产自行设计的五连发步枪。与此同时，该厂还于1892年仿制成功德国88式毛瑟枪，仅比创制国晚了四五年。截止1895年，沪局共生产前膛枪约7000余支，各种后膛枪约5万余支。1878年，沪局设立炮厂（由生产过大炮的汽锤厂改建而成），至1895年，共生产劈山炮（中国原有的一种旧式炮）及各种类型的新式炮（包括前膛炮、后膛炮）300尊左右。1890年，沪局创设炼钢厂，有西门士马丁炼钢炉和3吨炼钢炉各一座，钢产量逐年增加：1891年为27000余磅（约合12.27吨），至1894年，产量已达753000余磅（约合342.27吨），三年内增加至原来的28.5倍。此外，沪局还于1867年设立轮船厂和船坞。翌年，第一艘自造轮船下水。到1876年以前，先后制成兵船7艘、小型船7艘。当时，江南造船厂的技术水平提高较快，如果与同时期的日本横须贺造船所（成立于1865年）的产品比较一下，即可看出二者性能上的不同。

船名	国别	下水时间（年）	船长（尺）	船宽（尺）	马力（匹）	排水量（吨）	配炮（门）
威靖	中国	1870	205	30.6	605	1000	13
清辉	日本	1876	182	27.3	492	879	9
海安	中国	1873	300	42	1800	2800	26
海门	日本	1884	193	27.5	1300	1429	8

江南制造总局制炮厂

尽管江南厂对外国原材料有较强的依赖性，可造舰水平毕竟在当时要领先日本6～11年；其建造涡轮蒸汽舰的时间（1869年），也只比欧洲晚18年（欧洲国家1850年后才将涡轮蒸汽机装配于军舰）。但从1876年以后，江南厂因经费短缺，生产基本处于停顿状态，设备主要用于船舰修理。

"自强新政"中创办的另一个重要军事企业是马尾船政局（或称福州船政局）。这是由左宗棠于1866年（同治五年）在福州马尾创办的，也是我国第一个近代化的专门造船厂。左宗棠调任陕甘总督后，由沈葆桢接办。船厂聘请法国人日意格、德克碑为正、副监督。马尾船政局于1868年1月18日（同治六年腊月二十四）正式开工，计划兴建铁厂、船槽、船厂、学堂、住宅等工程。以后

左宗棠

几经扩建，规模不断扩大，包括绘事院、模厂、铸铁厂、船厂（附有舢板厂、皮厂、板筑所）、铁胁厂、拉铁厂、轮机厂（附有合拢厂）、锅炉厂、帆缆厂、储炮厂、广储所（附有储材所）等厂所，以及船槽、船坞等。船政局包括工人、徒工、学生、管理人员、警卫士兵在内，共有2600多人，并有50名左右的欧洲雇员（原规定雇佣洋员不超过38名）。

1869年6月10日（同治八年五月初一），船政局建造的第一艘木质轮船"万年青"号下水，排水量1370吨。至甲午战争爆发时共制造了大、小舰艇、商船34艘，其制作技术也在不断进步中。开始船政局不能制造轮机，前四艘轮船的轮机都购自外国，但从1869年开始试制150匹马力轮机。1871年夏，第五号轮船"安澜"号下水，轮机、汽炉都由厂中自制。1876年（光绪二年），英国海军军官寿尔（H. N. Shorl）参观了马尾船政局，他在谈到自己的观感时说："我到时，人们正把两对150匹马力的船用引擎放到一块去。它们是本船政局制造的，它们的技艺与最后的细工可以和我们英国自己的机械工厂的任何出品相媲美而无愧色。"[①]

马尾船政局所造轮船的质地、功率、吨位也不断有所改进、提高。开始都

---

① 中国近代史资料丛刊《洋务运动》第8册，第370页。

福州船政局

用木胁，1876年建成铁胁厂后，开始造铁胁轮船。1877年4月，第一艘铁胁轮船"威远"号建成，仅过一个多月，第二艘铁胁船"超武"号下水。而日本横须贺造船所制成第一艘铁胁木壳舰"葛城"号却晚了11年。应该说，这一造船技术与当时世界水平差距并不大，如英国也是在19世纪50至80年代才开始由木胁过渡到铁胁，1870年时英国轮船的大部分还是木船，十多年后铁船才取代了木船。1876年，船政局开始仿造"康邦轮机"（即复式汽机），具有750匹马力，动力也有了明显进步。

1881年11月9日（光绪七年九月十八），马尾船政局开始试制2000吨级巡洋舰"开济"号。这艘战舰排水量2200吨，2400匹马力，时速15浬（27.78千米），是船政局造船水平的一个突破。1885年至1886年，为南洋制造的另两艘巡洋舰"镜清"号、"寰泰"号又相继下水。1891年，南洋大臣、两江总督刘坤一在一份奏折中对自造军舰和外购军舰做了一个对比，他说："此次来江，则有新增之寰泰、镜清、开济、保民、南瑞、南琛兵轮六号，内惟寰泰、镜清、开济三号工料坚致，驾驶甚灵，保民次之，南琛、南瑞又次之"[①]。"保民"为江南厂制造，"南瑞"、"南琛"则是1883年购自德国的巡洋舰。刘坤一的评论或许有片面性，但也证明马尾船政局的造船技术确有明显进步。此后，船政局开始试造双机钢甲战舰，1886年开工，至1888年1月下水，命名"龙威"，后编入北洋海军，改名"平远"，成为该舰队"八大远"之一，在甲午黄海大战中，于战斗后期加入战阵，激战中中弹20余处，经受了实际战斗考验。

截止甲午战时，马尾船政局共制造舰船34艘，总计排水量44929吨，其中有四艘战舰（"广甲"、"广乙"、"广丙"、"平远"）参加了甲午海战。详细情况见下表。

总之，从1861至1894年33年间，洋务官员经营的近代军工企业（一般称为机器局）共计有25个，分布于安徽、江苏、直隶、福建、甘肃、广东、山东、湖南、四川、吉林、浙江、云南、台湾、湖北、陕西等15个省区。这些军工企

---

① 《刘坤一遗集》第2册，第688页。

甲午战前马尾船政局造船一览表

船名	船式	料质	排水量（吨）	速力（浬）	试洋年份	船价（两）	监造人
万年青	商	木	1370	10	1869年	163000	[法]达士博
湄 云	兵	木	550	9	1870年	106000	[法]达士博
福 星	兵	木	515	9	1870年	106000	[法]安乐陶
伏 波	兵	木	1258	10	1871年	161000	[法]安乐陶
安 澜	兵	木	1258	10	1872年	165000	[法]安乐陶
镇 海	兵	木	572	9	1872年	109000	[法]安乐陶
扬 武	兵	木	1560	12	1872年	254000	[法]安乐陶
飞 云	兵	木	1258	10	1872年	163000	[法]安乐陶
靖 远	兵	木	572	9	1872年	110000	[法]安乐陶
振 威	兵	木	572	9	1873年	110000	[法]安乐陶
济 安	兵	木	1258	10	1874年	163000	[法]安乐陶
永 保	商	木	1353	10	1873年	167000	[法]安乐陶
海 镜	商	木	1358	10	1874年	165000	[法]安乐陶
琛 航	商	木	1358	10	1874年	164000	[法]安乐陶
大 雅	商	木	1358	10	1874年	162000	[法]安乐陶
元 凯	兵	木	1258	10	1875年	162000	[法]安乐陶
艺 新	兵	木	245	9	1876年	51000	汪乔年、罗臻禄等
登瀛洲	兵	木	1258	10	1876年	162000	华员
泰 安	兵	木	1258	10	1877年	162000	华员
威 远	兵	钢胁木壳	1268	12	1877年	195000	[法]舒斐
超 武	兵	钢胁木壳	1268	12	1878年	200000	[法]舒斐
康 济	商	钢胁木壳	1310	12	1879年	211000	[法]舒斐
澄 庆	兵	钢胁木壳	1268	12	1880年	200000	[法]舒斐
开 济	快碰	钢胁双重木壳	2200	15	1883年	386000	吴德章、李寿田等

续表

船名	船式	料质	排水量（吨）	速力（浬）	试洋年份	船价（两）	监造人
横海	兵	钢胁木壳	1230	12	1884年	200000	吴德章、李寿田等
镜清	快碰	钢胁双重木壳	2200	15	1884年	366000	吴德章、李寿田等
寰泰	快碰	钢胁双重木壳	2200	15	1887年	366000	吴德章、李寿田等
广甲	兵	钢胁木壳	1300	14	1887年	220000	魏瀚、陈兆翱等
平远	钢甲	钢甲壳	2100	14	1889年	524000	魏瀚、陈兆翱等
广乙	鱼雷舰	钢胁壳	1030	14	1890年	200000	魏瀚、陈兆翱等
广庚	兵	钢胁木壳	316	14	1889年	60000	魏瀚、陈兆翱等
广丙	鱼雷舰	钢胁壳	1030	13	1891年	200000	魏瀚、陈兆翱等
福靖	鱼雷舰	钢胁壳	1030	13	1893年	200000	魏瀚、陈兆翱、郑清濂、杨廉臣
通济	练船	钢胁壳	1090	13	1894年	226000	魏瀚、陈兆翱、郑清濂、杨廉臣

业除最早创办的安庆内军械所和上海炮局外，一般都采用机器生产（但内部仍大量使用手工劳动），这在中国历史上是一个空前的大变革。同时，这些军工企业还普遍采用雇佣劳动，这也是区别于旧式官办手工业的一个显著特点。虽然这些军工企业仍表现出浓厚的封建性（如企业衙门化，冗员太多，贪污中饱、不计成本、产品由政府调拨等），但也具有了某些资本主义性质（如采用雇佣劳动，产品后来也逐步开始商品化等）。

4. 由"求强"到"求富"

进入19世纪70年代以后，由于举办军工企业过程中暴露出一些问题（如资金不足，对原材料、燃料和近代交通运输的需求等），深化了洋务派对学习西方"长技"的认识，那就是：坚船炮利的背后必须有雄厚的经济实力作后盾。简言之，必须"借求富以求强"，或曰"寓强于富"。因此，从70年代以后，办洋务、发展工业的重心就从"求强"转到"求富"，即从办军工企业转到以办民用工业为主。

1872年（同治十一年）底1873年初，洋务派创办了第一个民用企业——"轮船招商局"，经营方式是官督商办。所谓"官督商办"是指由商人出资认股，政府委派官员经营管理。开办时，往往先由官方垫借部分官款进行筹备，待商股募集完成后，再陆续归还。在轮船招商局成立之前，我国沿海和长江航运基本是由外国轮船公司垄断的。1862年，第一家外商轮船公司——美国旗昌轮船公司在上海开业（其中华资占七成，但由洋商把持）。由于当时长江中下游地区是清军与太平军的主要战场，旧式帆船运输几乎停顿，因此旗昌一成立，便独霸了长江航运。到1866年，公司利润已达22万余两，在以后的几年中，利润成倍增长，资本迅速扩大（由成立时的100万两增至225万两）。除旗昌外，在中国的主要外轮公司还有太古、怡和（均为英商）两家。这三家外轮公司既争夺，又勾结，共同控制着中国的航运业。所以，李鸿章说："各国通商以来，中国沿海沿江之利，尽为外国商轮侵占"[1]。

1873年7月，李鸿章任命广东香山人唐廷枢为轮船招商局总办，重订《局规》和《章程》，第二年招股50万两（分1000股，每股500两），到1881年招足股金100万两，不久又扩充至200万两。中法战争期间，为避免法国海军袭击，一度售与旗昌洋行，1885年收回自办。招商局在上海设立总局，在天津、牛庄、烟台、汉口、福州、广州、香港以及国外的横滨、神户、吕宋、新加坡等地都设有分局。招商局在激烈的竞争中求生存，经过一番较量，终于挤垮了美资旗昌轮船公司。1877年，收购了旗昌的16艘轮船，拥有轮船达33艘，总计23967吨。轮船招商局的成立，打破了外国轮船公司在中国近代航运业中一统天下的局面，夺回了部分权益。1876年，太常寺卿陈兰彬对招商局与外

---

[1] 《李文忠公全书》奏稿卷五〇。

资竞争中所起的作用，曾有如下评估："查招商局未开以前，洋商轮船转运于中国各口，每年约银七百八十七万七千余两。该局既开之后，洋船少装货客，三年共约银四百九十二万三千余两。因与该局争衡，减落运价，三年共约银八百十三万六千余两，是合计三年中国之银少归洋商者，约已一千三百余万两"①。但是，由于招商局只顾眼前利益，不重视资本积累，未能继续扩大经营规模，到1893年，其轮船仅有26艘，计24584吨，基本徘徊在1877年的水平。反观怡和、太古两家外轮公司则迥然不同，怡和1883年有轮船13艘，1894年增至22艘，总吨位由12571吨增至23953吨，几乎翻了一番。太古的发展更快，1874年只有6艘轮船、10618吨吨位，到1894年，已拥有轮船29艘，总吨位达34543吨，实力大大超过了招商局。

洋务派举办的近代交通事业，除轮船运输外，尚有电报和铁路。从19世纪60年代以后，西方殖民者为把侵略势力伸展到中国腹地，积极谋求在中国架设电线，铺设铁路，行驶轮船。1862年和1863年，沙俄和英国都曾向清政府提出过架线要求。70年代后，洋务派也逐步认识到电讯和铁路的积极作用（开始是从军事角度）。1879年，首先在大沽北塘海口到天津之间架设了一条约40英里长的电线。1880年9月，在天津成立了电报总局（1884年迁往上海）。第一条电报主干线路——津沪电线于1881年底竣工，并立即投入使用。以后陆续兴办，从1879年至1894年，在全国各地架设线路共14条，"东北到达吉林、黑龙江俄界，西北则达甘肃、新疆，东南则达闽、粤、台湾，西南则达广西、云南"②。初步形成了一个"殊方万里、呼吸可通"的电讯网。

与举办近代电讯相比较，铁路建设则缓慢得多。中国土地上出现的第一条铁路——吴淞铁路是由外国人（代理人为怡和洋行）背着清政府偷偷修造的，于1876年6月通车。清政府几经交涉后买回拆毁。中国自办的第一条铁路是1880年建成的唐胥线，由唐山至胥各庄，全长只有15公里，主要用于运煤。这是一条单轨铁路，开始时用骡马拖拉车箱，1881年6月后，才用机车牵引。1893

---

① 中国近代史资料丛刊《洋务运动》第6册，第10页。
② 《李文忠公全书》奏稿卷五四。

年时，唐胥铁路已向南延伸至天津，向北延伸到山海关外的中后所。1887年春，台湾铁路开始动工，从基隆、台北修到新竹，于1893年通车，全长77公里。截止到1895年前，全国仅修筑铁路364公里，对于社会经济发展和国防建设的作用非常有限。

1878年，清政府试办近代邮政，通邮范围以天津为中心，分别连接北京、烟台、牛庄、上海。这年7月，印发了中国第一套以大龙为图案的邮票。不过，因主管邮政的海关不为中国商民信任，大量邮件是通过商办的民信局递送的。1890年，总理衙门批准推广邮政，但行动迟缓，"大清邮政"的正式开办一直拖延到甲午战后的1896年。

创办民用企业的另一个重要方面是建立近代采矿业和冶炼业。1875年，清政府正式批准用新法采煤，这一年分别开始筹建磁州煤矿（在直隶）、基隆煤矿（在台湾）。1878年7月，正式成立了开平矿务局。从1875年到1891年，在全国共开办新式煤矿16个，其中成绩比较显著的有开平煤矿、基隆煤矿等。基隆煤矿创办于1876年，1878年正式投产，1881年年产量5.4万吨，为产量最高年度。中法战争中受到破坏，产量锐减，至1892年生产已完全停顿。开平矿务局正式成立于1878年7月，1881年开始投产，产量逐年增长，1885年增至18.7万余吨，把洋煤挤出了天津市场。1890～1895年间，该矿平均年产量达到25.2万吨。19世纪八九十年代，不但近代煤矿业有了发展，而且形成了一个使用机器采矿的小高潮。从1881年到1894年，共建成24家金属矿采掘公司，其中铜矿8家，金矿6家，银矿、铝矿各4家，铁矿2家。在金属矿中，以漠河金矿成绩最大，该矿于1889年使用机器采掘，生产量为18961两，1894年增至28370两。

中国的近代钢铁冶炼业出现在19世纪90年代初。1890年正式投产的贵州青溪铁矿可称我国第一个新式炼铁厂。它从英国进口了冶炼设备，完全用西法炼铁，其年生产能力可达7200吨。但当时最有代表性的钢铁企业还是汉阳铁厂，由时任湖广总督的张之洞创办。1890年底，炼铁厂动工，位于湖北汉阳大别山下，历时三年各分厂陆续建成，其中包括生铁厂、贝色麻铁厂、熟铁厂、西门士钢厂、钢轨厂、铁货厂等6个大厂以及机器厂、铸铁厂等8个小厂。汉阳铁厂共设有生铁炉2座，炼钢炉4座，另配有洗煤机、焦炭炉，机器设备主要购自比利时，工程技术人员40多人分别聘自比利时、英国和德国。张之洞还于1893年选派华人工匠20人到比利时学习一年，回国后充当技术骨干。1894年2月15日（光绪二十年正月初四），铁厂锻铁炉开炉，6月28日，生铁大炉开炼，6月30日正式出铁。以当时的规模，汉阳铁厂每年可产生铁21900吨。据估算，如果发挥全部生产能力，每年可产精钢、熟铁30000吨。当然，事实上从来没有达到过这个指标。该厂自投产后，到1895年10月中旬为止，共生产生铁5660余吨，熟铁110吨，钢料1390吨。汉阳铁厂是中国历史上第一个近代钢铁联合企业，同时也是当时亚洲最大的钢铁厂。日本的八幡制铁所直到1901年才开始投产，比汉阳铁厂晚了七年。创办汉阳铁厂，不但在当时的中国，甚至亚洲都堪称壮举，使中外人士刮目相看。

张之洞

汉阳铁厂

甘肃呢织总局生产车间全景

在近代纺织业方面，自强运动中所举办的有影响的企业主要有三家，即兰州织呢局、上海织布局和湖北织布局。兰州织呢局的正式名称是"甘肃制呢总局"，由陕甘总督左宗棠向德商订购织呢机器，并招聘西方技术人员，在兰州创办。1880年（光绪六年）9月开工，计有各种机器60余台，纺锭1085个，是我国第一家机器毛纺厂，也是我国近代开发大西北的先声。其呢绒的生产能力每年约六七千匹。上海机器织布局由李鸿章派彭汝琮、郑观应创办，为官商合办形式。1880年开始筹建，1890年（光绪十六年）正式生产，每昼夜出布600匹，一直销路顺畅，盈利颇丰（据称每月获利12000两），但1893年10月发生火灾，损失严重。1894年招徕新股，在织布局旧址上新建华盛纺织总厂。湖北织布局由湖广总督张之洞创办，1893年1月（光绪十八年底）在武昌开始生产，当时有纱锭30000枚，布机约1000张。1894年生产本色市布70288担，斜纹布2970担，棉纱4413担。

5. 商办近代工业的发展

除官办、官督商办、官商合办的民用企业外，商办的近代工业也有相当发展。商办企业以机器缫丝业为最盛，主要集中在广东顺德和上海两地，计有47家缫丝厂。其他行业还有机器轧花、机器棉纺、火柴制造、近代造纸、近代制药、机器印刷、船舶修造、机器制糖等。据不完全统计，从1863年至1895年30余年间商办企业共有98家，也有的统计说至1894年商办企业达到125个（当时中国近代工业企业总计131个）[1]。

二、日本的"殖产兴业"

为加速资本主义发展，日本明治政府推行了一项重大的经济改革政策——"殖产兴业"，也就是用国家政权的力量，加速资本主义原始积累的过程，并以国营企业为主导加速进入资本主义工业化。

1. 两条腿走路的方针

1870年12月12日，日本政府成立工部省，作为推行"殖产兴业"政策的中心。1874年夏，参议兼内务卿大久保利通正式向政府提出《关于殖产兴业建

---

[1] 据孙毓棠编《中国近代工业史资料》第一辑下册及陈真等编《中国近代工业史资料》第一辑。

议书》，明确宣布依靠国家力量发展近代工业的方针。日本为推行殖产兴业政策，还投入了大量国家资金，从明治政府建立到1885年，投资总额达2.1亿日元，平均占到政府财政支出的1/5，仅工部省从1870年10月至1885年底支出的"兴业费"就达2962.2万日元。

如何贯彻执行"殖产兴业"的方针呢？明治政府决定两条腿走路：一是大力创办国营企业，二是大力扶植民营企业的发展。

明治政府成立后，以实现"富国强兵"为目标，陆续接管并扩充了幕府和各藩经营的工业企业。如1868年新政府就接管了幕府的"山口制造所"和"横须贺制铁所"。"山口制造所"是60年代初，由幕府向国外订购机器创办的一家火炮制造厂。接管后，集中了各藩的军工机器，并引进技术设备，加以扩充，于1879年建成东京炮兵工厂，专门负责枪炮制造。1880年发明单发村田枪，后又试制成"二十二年式连发铳"（可同时装填八发子弹）。"横须贺制铁所"是60年代中期幕府在法国支持下，利用英、法等国的技术和设备创办的一家大型造船厂。新政府接管后，在此基础上成立了横须贺海军工厂。于1871年8月建成炼钢、炼铁、铸造、汽缸、船台、船渠等车间，配备机器有116种，蒸机动力180马力，该厂主要制造海军舰艇，于1876年和1878年先后制造了"清辉"、"天城"两艘炮艇，1880年，又自己设计、建造了"磐城"号炮艇。

到1885年左右，日本的军工企业以两大陆军工厂（东京炮兵工厂、大阪炮兵工厂）和两大海军工厂（筑地海军兵工厂、横须贺海军工厂）为核心，有了较快发展，并对日本的工业化起到了主导作用。比如横须贺海军工厂就制造了几十种采矿机械，又为纺织厂生产了水平动力涡轮机；大阪炮兵工厂也为纺纱厂生产许多机床、齿轮和其他机械用具。此外，明治政府还实行了矿山国有方针，分别接管了原由幕府和各藩经营的金矿、银矿、铜矿、铁矿、煤矿，并正式宣布矿藏所有权和开采权为政府专有，私人开采必须向政府承包。1873年还制定了《日本矿井法》，规定私人开矿必须向政府租赁，租期15年，并缴纳矿井税。

进入70年代，明治政府着眼于创办近代民用工业。为吸引民间投资工业，

日本横须贺造船所

政府还举办了一批"模范工厂"，其中著名的有富冈缫丝厂、新町纺织厂、千住呢绒厂、爱知纺织厂等四大纺织工厂。这些工厂规模较大，技术水平较高，像创建于1879年的千住呢绒厂就聘请了德国技师，并进口了包括纺毛机、织毛机、整纺机在内的全套机器设备。为了扭转外纱不断拥入日本市场的局面，明治政府决心发展机器棉纺业。1878年，向英国订购了两套2000锭的棉纺机器，创办了爱知纺纱所和广岛纺纱所。1879年，内务省耗资22万日元，从英国进口10套2000锭的棉纺机器，出售给私人资本家，成立了10家棉纺厂。这批工厂于1882～1885年间先后投产。同时，还从法国和奥地利进口织机，并在国内仿制，加以推广，到90年代，这些织机已被普遍采用。

明治政府还非常重视发展近代交通运输事业。1870年，政府以发行公债的办法筹措资金修筑横滨至东京的铁路。1878年，又修建京都至大津的铁路，两年后通车。但终因资金不足，直到1885年，国家铺设的铁路不过220.72英里。于是，国家鼓励私人投资兴建铁路，1881年成立了日本铁路公司，在政府大力支持下，花了10年时间修通了东京至青森的铁路。全国铁路网迅速扩充，1872年时全国仅铁路17.69英里，1893年增至2039.6英里，增加了114倍。尤其在铁路行业还发展了民营资本。从1887年至1889年，全国开办了"山阳"、"九州"、"北海道"、"关西"等四家私营铁路公司。

在发展近代航运方面，1870年成立了半官半民的"航运公司"，不久，因经营不善而解散。航运业中最有成效的是"三菱轮船公司"。该公司创建于1870年到1875年，日本政府把购自"邮政轮船公司"（1871年成立，为半官半民企业）的18艘轮船无偿拨给三菱，使该公司的轮船数达37艘，共计23385吨。为支持三菱与外国轮船公司竞争，政府每年还拨付其25万日元的航线补助金，帮助三菱公司大幅度降低运费，从而击败了美、英轮船公司。

在近代通讯方面，1871年还创办了近代邮政。先在东京、京都、大阪间通邮，然后遍及全国。1870年1月，首先在东京和横滨间开通了电报业务，到1885年前后全国电报干线基本建成。电话则于1877年传入，先在京都、横滨间试用，以后逐渐向全国推广。

日本东京炮兵工厂

2. 大力扶持民营企业

进入19世纪80年代后，明治政府的"殖产兴业"政策有了进一步发展，即大力扶植民营企业，由国营企业"示范"的方针转到优惠"出让"国营企业。1880年11月，日本政府颁布了"处理"国营企业的条例，以廉价"处理"的方式把大部分国营企业交给一批大资本家经营。1884年7月，又做出出售官营矿山的决定，规定按极低价格和无息、分期支付的办法出售。这说明对私人资本的扶植进入到一个新的阶段。通过这种"处理"的形式，三井获得了三池煤矿、新町纺织厂、富冈缫丝厂；三菱得到了高岛煤矿、佐渡金银矿、生野银矿和长崎造船厂；古河市兵卫则购买了院内银矿、阿仁铜矿等。"处理"的条件极其优惠，不仅价格很低，而且是无息长期分期付款，几乎是无偿转让。比如"处理"给三菱的长崎造船厂，原投资62万日元，连同库存总计为66.4万日元，而三菱却只付了9.1万日元的转让费；投资59万日元的兵库造船厂，仅以5.9万日元（即原价的1/10）就让给了川崎正藏；尤其是金石铁矿，政府投资为237.6万日元，财产估计为73.3万日元，1887年12月出售给田中长兵卫时，标价只有1.2万日元，只是一种象征性的收费。这种廉价"处理"国营企业的做法，加速了资本的原始积累，迅速壮大了私人资本的力量，促进了日本资本主义的发展。

明治政府大力推行"殖产兴业"政策的成效颇为显著，其直接结果是从19世纪80年代中期起，日本出现了早期产业革命的热潮，经济发展的速度飙升。1884年时，日本的股份公司有2392家，资金总额为10095.1万日元。到1892年，公司增加到5444家，资金总额达28933.4万日元，八年间，公司数和资金总额都增加了一倍多。这股产业革命的热潮几乎遍及主要产业部门，其中以轻纺工业最为突出。1887年，日本的棉纺企业只有19家，纱锭为7.6万锭，棉纱生产量为2.3万件，而仅仅过了五年，到1892年时，棉纺厂已增至39家，纱锭为38.5万锭，生产棉纱20.4万件，棉纱产量竟增长了近9倍，不但在国内取代了进口洋纱，而且开始打入国际市场。在重工业方面，也有了初步发展，煤炭产量1892年达到300万吨，比1874年增加了15倍；私人资本经营的金石制铁所1892年发展成为年产7000吨生铁的大企业。在交通运输方面，1893年，全国铁路长度为1926英里，机车有351台；蒸汽动力船舶的总吨位增加到11万吨。进出口贸易也有了大幅度增长，1868年，出口总值只有1555.3万日元，到1892年时增加到9110.3万日元。进口总值1868年为1069.3万日元，1893年增至8825.7万日元。

通过大量的投资和不断的引进先进技术，促使日本的工业生产以高速度向前发展。1866～1873年间，年平均增长速度为32.2%，同时期英国（1851～1873年）为3.3%，美国（1861～1873）为5%，德国（1861～1873）为3.8%。1874～1890年，日本工业生产平均增长速度虽下降到12.1%，仍远远超过欧美国家：当时英国为1.7%，美国5.2%，法国为2.1%（1870～1890），德国为3.5%。总之，通过执行"殖产兴业"政策，日本已初步实现了资本主义工业化。

三、两条不同的发展经济之路

19世纪中叶的中国和日本，其经济发展状况及所处国际大环境有些相似之处。日本的"藩政改革"、明治维新和中国的"自强新政"几乎是同时进行的。而且两国的改革都以"求强"、"求富"为目的，甚至在发展经济道路上的一些做法也有相通处，比如，两国发展经济均以举办军事工业为起点。1861年12月，曾国藩在安庆创设内军械所，成为中国最早生产近代武器的工厂。1864年1月，该所制造的第一艘蒸汽轮船在安庆试航；而日本则于1862年由石川岛造船厂制造了第一艘蒸汽动力船。1863年，日本在神户建立"海军造船厂"；1866年，中国则创办了"福州船政局"。再如，两国发展近代工业，开始都以官营为主导。清廷创设的"江南制造局"（1865年开办）、"金陵机器局"（1866年）、"福州船政局"（1866年）都是官办性质。而日本的"长崎制铁所"（1861年办）、"海军造船所"（1863年）、"火炮制作场"（1864年）也都是由幕府和各藩官营的。不过，这些仅仅是表象，透过这些表面现象，深入分析，我们可以看到中、日两国在发展经济的道路上，其实是有很大差别的。

第一，起点不同。中国自鸦片战争后，自给自足的自然经济有了较为明显的分解迹象，但资本主义因素仍然非常微弱。当"自强新政"开始时，并不存在一个推进经济近代化的核心力量，或者说还缺乏一个反封建的坚强支柱。而日本则不同，在明治维新前夕，全国的手工工场已发展到400多个，在农村也出现了占有较多土地、又经营工商业的"豪农"。其西南诸藩，特别是萨摩、长州等强藩，经过19世纪三四十年代的"藩政改革"，与新兴地主和商人联系紧密的下级武士阶层掌握了藩政实权，他们学习西方的先进技术，提出"富国强兵"和"殖产兴业"的口号，创办了一些近代军事和民用企业，开启了迈向近代化之门。

第二，体制不同。清王朝统治下的中国，实行的是高度中央集权的封建君主专制。皇权至高无上，皇帝唯我独尊，封建君主完全掌握着政治上的统治权、军事上的指挥权、经济上的支配权和意识形态上的控制权。虽然两次鸦片战争后，"天朝"声威扫地以尽，特别是经历过14年的太平天国农民革命战争（1851～1864）后，封建王朝受到很大打击和削弱，地方督抚权势增大，但仍不足以完全改变中央决策。即使像曾国藩、左宗棠、李鸿章这样的地方实力派，也只有在皇权的许可范围内才敢办一些"新政"。

日本则不同，在明治维新前，实行的是所谓"幕（府）藩（国）体制"，天皇仅是名义上的最高统治者，掌握实权的是世袭"将军"称号的德川家族。在德川幕府统治下，全国有300个"大名"（即割据一方的藩国诸侯）。"大名"又分三类，其中"亲藩大名"和"谱代大名"是德川氏的家族或家臣，也是幕府统治的主要支柱，而"外样大名"则远离中央，保持着相对独立性。作为"外样大名"的西南诸藩（萨摩、长州、土佐、肥前）在下级武士改革派支持下，开展了"藩政改革"。之后，改革派推翻幕府，成立了由改革派主导的天皇政府，并实行日本式的"君主立宪"，确立了地主、资产阶级联合专政的国家形式，稳步走上了资本主义经济发展之路。在日本，天皇不但没有成为维系封建统治的最高政治代表，反而成为改革派推翻旧的幕府体制，发展资本主义经济的权威象征。日本改革派正是举着"尊王攘夷"的旗帜，去反对封建领主和争取民族独立的。"尊王攘夷"和"维新"紧紧结合在一起，成就了日本资本主义经济的发展。

第三，推力不同。清廷的"求强"、"求富"是由一部分具有危机意识的地方督抚和力求变革的知识分子来推动的。他们的改革思想和行动有很大的局限性（主要是传统儒家思想的束缚以及对世界大势缺乏实际考察和认识），而且也没有形成一个具有持续影响力的群体。往往是人亡政息，后继乏人。洋务派学西方、办实业没有一个长远规划，也缺少发展经济的后劲，因此只能是虎头蛇尾，很难取得扎扎实实的成效。

日本实施"明治维新"则有一个下级武士阶层作为推动力量。在日本幕府统治时代，武士是将军和大名之下的一个等级，他们是统治阶级中的一部分人，享受一定的地租和禄米，过的是寄生生活。但武士又有权门武士和下级武士之分，随着封建经济解体，领主财政困难加剧，下级武士的经济地位也随之恶化，他们中的一些人开始经营商业以谋生计，或从事手工业生产以贴补家用，有些人甚至失去生活来源成为"浪人"。更有些下级武士改业成为教师、医生、作家，加入到知识分子行列中，这部分人通过接触西方资产阶级文化，成为资产阶级在政治上的代言人。正是从下级武士阶层中，涌现出了一批像高杉晋作、久坂玄瑞等著名的倒幕派领袖以及像广泽真臣、品川弥二郎、木户孝允、伊藤博文、井上馨、山田显义及山县有朋等维新运动的积极推行者。这些主张改革的代表人物，成为冲击封建制度，推进近代化的革新力量。

第四，政策不同。对发展本国经济，清朝政府并没有一套完整、系统的方针、政策，仅有一个总体的思路，也就是恭亲王奕䜣等所说的："识时务者莫不以采西学、制洋器为自强之道"，"自强之术，必先练兵"，"练兵又以制器为先"[1]。简言之，可概括为六个字："采西学，制洋器"。这位主持总理衙门23年（1861～1884）的王爷和他的助手们，其实并不真正懂得"西学"的真谛，在他们心目中甚至"西学"包括什么内容，"洋器"涵盖哪些项目都不甚了了。更为严重的是，这一思路在朝廷中并未形成共识，反对者的声音时常出现，并

---

① 《筹办夷务始末（咸丰朝）》卷四六。

不断干扰洋务事业的进程。顽固势力极尽阻挠破坏之能事，"一闻修造铁路、电报，痛心疾首，群起阻难，至有以见洋人机器为公愤者"①。作为最高统治者的慈禧太后，虽然表面上支持办洋务，但对主持洋务的封疆大吏却心存猜疑，不愿让他们放手办事，而是不时以所谓"清议"加以钳制。李鸿章在一封私人信件中就把兴办洋务的种种困难和无可奈何的心态表露得淋漓尽致。他说："自同治十三年海防议起，鸿章即沥陈煤铁矿必须开挖，电线、铁路必须仿设，各海口必应添洋学格致书馆以造就人才。其时文相（指文祥——引者注）目笑存之，廷臣会议皆不置可否。王孝凤（即王家壁，时任大理寺少卿——引者注）、于莲舫（即于凌辰，时任通政使——引者注）独痛诋之。曾记是年冬底赴京叩谒梓宫（指赴北京参加同治帝葬礼——引者注），谒晤恭邸（指恭亲王——引者注），极陈铁路利益，请先试造清江至京，以便南北输，邸意亦以为然，谓无人敢主持；复请其乘闲为两宫言之，渠谓两宫亦不能定此大计。从此遂绝口不谈矣！"② 仅修铁路一事，执掌朝政的奕䜣虽表同意，却说"无人敢主持"，甚至认为慈安、慈禧两太后"亦不能定此大计"，可见阻力之大。同时也反映出清政府对发展近代经济既无决心，更无总体设计、通盘规划，基本上是被形势逼着走，由各地方督抚相机而动，毫无章法可言。

特别是在如何对待民办企业的问题上，清政府与日本明治政府的政策迥然不同。日本在"殖产兴业"后期大力扶植民营资本，发展资本主义。而清政府则坚持"官督商办"，阻挠、压制民营资本。比如上海织布局，官方代表与商股股东在经营方针（即是否向完全商办方向发展）上发生严重分歧，结局却是商股代表经元善被迫退出织布局，使商股更处于无足轻重的地位；又如80年代中期，上海发生金融危机，李鸿章乘机改组轮船招商局，撤去商股代表徐润的职务，派亲信盛宣怀为督办，使企业向官僚直接经营过渡。

为了垄断生产和市场，洋务派官僚甚至利用手中的权势明令禁止开办新的民营企业。比如1882年，上海商人叶应忠申请设立"广运轮船局"，李鸿章批

① 《郭嵩焘诗文集》第190页。
② 《李鸿章全集》信函四，第75页。

复道："不准另树一帜"，以致从1872年至1903年30年间，除轮船招商局外，中国几乎没有出现另一家华商轮船公司。

与清廷相反，日本发展经济的政策是明确而又具体的，并能在实践中排除干扰，适时调整，坚决执行。明治政府执政之初，即将学习西方，加速本国经济发展作为一项重要的施政纲领。1868年4月6日颁布的《五条誓文》中提出"士民一心，盛行经纶"，意即发展财政经济。《誓文》还明确号召"求知识于世界"，即向西方学习。1873年7月，政府又发布地税改革法令，废止了领主土地所有制和实物形态的封建贡赋制度，改为统一的货币地税，允许自由买卖土地和种植作物。这项改革于1874～1882年完成，从而确立了近代土地所有制，有力促进了商业性农业的发展。同年10月，主张"内治优先"的改革派以大久保利通为核心，通过政变迫使西乡隆盛等"征韩派"下野，掌握了政府实权。大久保利通以参议兼任内务卿，具体承担发展经济的任务。大久保还让大隈重信、伊藤博文等"内治派"分掌大藏省（即财政部）和工部省（即工业部），形成了以发展经济为中心的"大久保政权"，使各项经济改革得以贯彻实施。

1874年五六月间，大久保利通正式提出了《关于殖产兴业建议书》，制定了一套完整、系统的"殖产兴业"政策。为了促进私人资本的成长，明治政府还采取了巨额补贴、发放大笔贷款、减免企业税及出口关税等办法，培植了一批称雄产业界的财阀如三井、三菱等，依靠国家政权的力量，加速了日本工业化进程。

第五，外部条件不同。毛泽东讲过："社会变化，主要是由于社会内部矛盾的发展，即生产力和生产关系的矛盾，阶级之间的矛盾，新旧之间的矛盾，由于这些矛盾的发展，推动了社会的前进，推动了新旧社会的代谢。"他又说，唯物辩证法"并不排除"外部因素，"唯物辩证法认为外因是变化的条件，内因是变化的根据，外因通过内因而起作用"[①]。任何事物的发展，虽然根本在于内因，但外因也是不可忽视的条件。19世纪中叶，中、日两国虽然同时面临

---

① 《毛泽东选集》第一卷，第277页。

西方资本主义国家入侵的处境，但形势却对日本有利。中国号称地大物博，人口众多，自然成为欧美列强竞相角逐的主要目标。英、美等国为牵制俄国在远东的扩张，不但放松了对日本的侵略，反而利用、扶植日本，使之成为抗衡俄国的工具。因此，英国不但支持"倒幕派"去推翻德川幕府，而且积极支持明治政府的内外政策，直至在甲午战争中偏袒日本，并在战争爆发前夕与日本签订了《英日通商航海条约》。英国外交大臣金姆勃雷甚至在条约签字仪式上公开说："这个条约的性质，对日本来说，比打败中国的大军还有利"[①]。

第六，两国发展经济政策的后果不同。清朝政府标榜"自强"、"求富"，举办洋务，从1861年至1895年的35年中，共办了近代军工企业19个，近代民用工矿企业29个。1872年出现了商办近代企业。截止到1894年，全国近代工业企业总计不过262家，修建铁路364公里。但在甲午战前，中国还没有自办的近代金融机构（第一家自办新式银行创建于1897年，即中国通商银行），而英、德、日、俄、法均在中国设有银行。反观日本，从1868年至1893年25年中，工矿企业由405个（主要是手工工场）增加到了3344个（绝大部分为近代企业）；铁路修建2039.6英里（约合1267.4公里），蒸汽动力船舶110205吨，银行703家。两相比较，其发展经济的后果，孰优孰劣，一目了然。

---

① 《日本外交文书》第27卷。

第四章

"中体西用"
与 "文明开化"
——中、日文化教育之比较

　　文化是一个社会范畴，是指人类创造社会历史的发展水平、程度和质量的状态，也是世代累积、沉淀下来的习惯和信念，它的核心是价值观体系。同时，文化也是一种生活方式，是一种关乎社会进步的软实力，它决定着一个国家、一个民族的国民素质和精神风貌。

一、中国的传统文化和 "西学东渐"

　　我国自周、秦至明、清形成的民族传统文化，是一种建立在封建生产关系和小农经济基础之上，以儒家伦理、专制政治为核心的文化系统。在这个文化系统中，包含各种文化形态。但自西汉武帝"废黜百家，独尊儒术"后，儒家文化成为一种社会主流文化，在其历史演进过程中，它大量吸收了其他各种不同的思想文化内容，形成了以儒家思想文化为基线的，并涵括其他思想文化内容的完整体系。

1. 儒家文化的双重性

中国传统文化具有鲜明的矛盾性和双重性。既有光辉灿烂的精华，又有腐朽、黑暗的糟粕；既有消极、保守的一面，又有进步、革新的一面；既有崇尚玄虚的一面，又有倡导务实的一面；既有畏天命的一面，又有制天命的一面。这些矛盾中的各个侧面对中国文化的传承、发展，民族性格的形成都有着深远影响，并成为历史的传统力量。

儒家讲"仁道"，求"礼治"，注重道德感化，提倡不言利，甚至耻言利。这样的信条被当作是经济活动的指导原则，稳定社会秩序的规范。儒家文化还强调守成，信奉"天不变，道亦不变"，自西汉以来两千多年中，儒家思想作为官方意识形态，代代相传。无论汉、唐盛世，还是明、清辉煌，统治者总把自己看作是"天朝上国"，是文化的源泉和中心，从而产生一种盲目的优越感。一般说来，一个民族原有的文化背景越雄厚，他们在接受外来文化时，就越多地带有自己的个性色彩，并表现出对其他类型文化的排他性。但人类的文化交流毕竟是不可阻挡的潮流，它不依某些人的主观意志为转移。在中国历史上也曾出现过两次大的中外文化交流，一次是公元1～8世纪以佛教为中心的印度文化的传入；再一次就是从16世纪末开始的西方文化的传入，即所谓"西学东渐"。

1583年（明万历十一年），耶稣会传教士利玛窦（1552～1610年）来华，开启了"西学东渐"的进程。利玛窦，意大利人，年轻时接受西方科学教育，懂得数学、天文学、地理学等方面的知识。1577年，离开罗马赴东方传教，1582年8月抵澳门，开始学习汉语，了解中国的风土人情、文物典章，然后到广东肇庆，进一步学习中国的传统文化。1595年4月，他离开广东北上赴南京，

利玛窦

汤若望

南怀仁

于1601年1月到达北京，并向明朝万历皇帝进献了天主教经典、自鸣钟、铁弦琴、万国图等物品，得到明神宗的青睐和款留。他还介绍西方天文学、数学、地理学、物理学、医学、神学、音乐、美术等方面的知识。明末来华传教的耶稣会士还有邓玉函、艾儒略、汤若望等。这些人都在欧洲受过近代科学的启蒙和文艺复兴浪潮的冲击，学识渊博。他们奉行"知识传教"路线，在传播耶稣教义的同时，也把西方先进的科学知识引进中国。

2."西学东渐"热随朝代更替逐步衰退

明、清更替后，顺治、康熙两朝对西方传教士仍采取优容、吸收政策，使西方科学文化知识得以在中国进一步传播。特别是康熙帝玄烨对西学更是欣赏

康熙帝

有加。他在1708年（康熙四十七年）曾亲自领导进行了"大清全图"的测绘工作，在世界测绘史上也堪称一流。这次测绘由法国传教士白晋、雷孝思、杜德美等人主持，采用西方经纬图法、三角测量法、梯形投影法，最终完成了《皇舆全览图》（共36幅）。法国当代学者曾评价此图道："这样伟大的工作，这样广袤大国地图的绘制，在地理舆图学的研究方面，可谓一空前的事件。不只当时欧洲从来就没见过，就是直到今日，东方地图之绘制及出版，都还是用这份图作根据。其不同处也只是在一些微小地点加以修正而已。"[1]

不过，清初西学的传入，主要限于皇帝感兴趣的天文学、数学、地理学以及西医西药等领域。即使在这些领域，也仅只为宫廷服务，并未向社会推广，

---

[1]　傅吾康：《评〈康熙皇舆全览图〉研究》，《明清史国际学术讨论会论文集》第674页。

更不可能在生产和生活中获得实际应用。唯其如此，当康熙帝去世后，由于最高统治者个人兴趣的变化以及政治斗争的影响，"西学东渐"之风也逐渐衰弱。相反，西方传教士则调转风向，将重点由"西学东渐"演变成"东学西渐"。

17～18世纪，法国大批到中国的耶稣会士成了欧洲与中国文化的中介与桥梁。他们不但把西方文化传入中国，也把中国儒学介绍到欧洲。儒家经典《论语》、《大学》(以《中国的智慧》为书名)、《中庸》(以《中国政治道德学》为书名)分别于1862年、1863年在法国翻译出版。此外，《孟子》及诗、书、易、礼、春秋等五经(包括朱熹的著作)都被译成多种文字在西方发行。从1680年至1779年100年间，欧洲出现了一股"中国文化热"，17～18世纪的欧洲也出现了一批狂热崇拜中国文化的学者。1760年(清乾隆二十五年)，有人写文章说："中国比欧洲本身的某些地区还要知名。"魁奈在他的《中国专制制度》一书中也说："中国的学说值得所有国家用为楷模"。法国杰出的启蒙学者伏尔泰(1694～1778)在他的《哲学辞典》一书中，崇敬地写道："在这个地球上，曾有过最幸福的、并且是人们最值得尊敬的时代，那就是人们尊从孔子法规的时代。"

清初"西学东渐"的热潮，在康熙帝去世后逐步走向衰落。雍正帝即位，因部分传教士曾卷入康熙末年的"储位之争"，支持了雍正帝的政敌；尤其是随着天主教在华的传播发展与皇权的矛盾在加深，天主教徒只信仰"天主"，却蔑视皇权和中国法律，遂促使雍正帝下决心驱逐传教士，严厉禁教。此后，"禁教"成为清王朝的基本国策，并为以后的乾隆、嘉庆、道光三朝所继承。于是，以传教士为主体的"西学东渐"热潮，终因传教士在中国失势而中断。

清朝统治者的所谓"禁教"是闭关锁国思想文化政策的反映，1787年(乾隆五十二年)，乾隆帝写了一首诗，足以体现他对外政策的走向，诗云："间年外域有人来，宁可求全关不开；人事天时诚极盛，盈虚默念惧增哉。"[1]六年后，英国马戛尔尼使团访华，带来了一批通过精选的代表欧洲最新科技水平的器

---

① 《乾隆御制诗》第五集，卷二八。

乾隆帝

械，如天体运行仪、地球仪、各种火炮与枪枝、战舰模型等。乾隆帝对这些科学制品不屑一顾，他在给英王乔治三世的信中傲慢地表示：天朝"无所不有"，"从不贵奇巧，并无更需尔国制办物体"①。正如一位西方学者所说：清朝"对外国的创造发明拒不接受……达到登峰造极的地步"②。正是这种对西方科学文化深闭固拒的政策，使中国在世界飞速发展之时如同盲人瞎马。一旦面临外敌入侵，则为时已晚！亲身经历鸦片战争的姚莹曾感叹道："英吉林、佛兰西、米利坚，皆在西洋之极，去中国五万里，中国地利人事，彼日夕探习者已数十年，无不知之；而吾中国曾无一人焉留心海外事者，不待兵革之交，而胜负之数已较然矣！"③

3."西学东渐"的又一个拐点

1840～1842年的鸦片战争，是"西学东渐"的又一个拐点。鸦片战争中，"天朝上国"被"蕞尔邦夷"打败，并签订了丧权辱国的《江宁条约》，地主阶级中的一部分有识之士痛定思痛，遂有"开眼看世界"之举。战后，出现一些有关域外国家的史地著作，为中国人提供了认识世界的新观念。与明末清初的"西学东渐"不同的是，介绍外国的历史、地理著作已不是出自耶稣会士之手，而是第一次根据外国人提供的资料，由中国人自己执笔撰述，这无疑更利于传播、普及。中国人通过这些著作（如林则徐组织人编的《四洲志》、魏源编的《海国图志》、徐继畬撰的《瀛环志略》、梁廷枏编的《海国四说》、

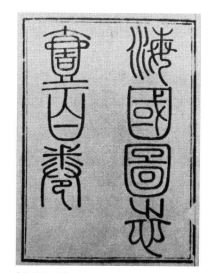

《海国图志》

---

① ［英］斯当东：《英使谒见乾隆纪实》中译本第559页。
② 佩雷菲特：《停滞的帝国——两个世界的撞击》中译本第4页。
③ 姚莹：《东溟文后集》卷八。

《瀛环志略》

姚莹编的《康輏纪行》以及夏燮的《中西纪事》、陈逢衡的《英吉利纪略》、汪文泰的《红毛英吉利考》、何秋涛的《北徼汇编》等）开阔了眼界，打破了中国是世界中心的神话。中国的传统文化体系也现了一道裂缝。随着蒙昧主义逐渐被打破，一些有识之士对西方的新文明产生了朦胧的向往，"师长论"随之出现，从而开始了近代中国向西方寻求真理的艰难历程。

二、日本的兼收并蓄与"文明开化"

1. "兰学"在日本的传播

日本著名历史学家井上清在1954年出版的《日本现代史》一书中曾说过：

> 中国在几千年的长时间内，就东方和东方人所知道的范围来说，实际上是文化的泉源和中心。所以中国人当然会以'中华'自豪，对于近代西洋与其文化，不容易虚心学习。与此相反，日本人自古以来，就曾吸取朝鲜、中国和印度的文化，来培养自己的文化，所以在了解外国文化与认识其价值方面，不受中国人那样的历史的限制。[1]

应该说，这一评论是符合实际的。日本在历史上也曾有过一段闭关锁国的时代。1720年，德川幕府下令解禁洋书，基本结束了近100年的锁国政策。体现西方文化的"兰学"（因从荷兰传入而得名，也就是洋学）在日本得以

---

[1] 井上清：《日本现代史》中文版第一卷，第217页。

传播。所谓"兰学"包括天文、医学、植物学、物理学、化学和军事学等方面的知识。1774年，日本学者把荷兰文的解剖学译成日文出版。到19世纪初，兰学已在江户、大阪、京都和长崎部分医生和少数知识分子中传播开来。一些受兰学影响的思想家对源自中国的儒学进行了猛烈抨击。经济学家海保青凌（1756～1817）就说："大凡儒者多为经书所蒙蔽，双目毫无所见，只讲蠢话……儒者先生讲礼乐虽滔滔不绝，但于今日何用？故一谈政事，则畏缩墙角，默然无言。"①

　　兰学的传播，不但促进了日本科学的进步，也萌生了社会改革思想。有人就提出了进行改革和富国强兵的主张，兰学家林子平就提出："天地之间，人世之事必有变革，此乃一定之道理也，决不能认为万世永恒如今日。"②兰学家们在明治维新之前就不畏幕藩政权的压制，提出了重商主义和人类平等的观念，无疑具有进步意义。但兰学对封建统治的冲击为幕府所不容，从18世纪末起受到来自政府的打压，兰学家也受到迫害，而排斥洋学的所谓"水户学派"趁势而起（这一学派因为水户藩主主持而得名）。它综合了儒学、"国学"和神道，宣扬大义名分，尊崇皇室。水户学者不承认西方国家的先进，无视日本落后的现实。到19世纪中叶，随着西方势力入侵，民族危机加深，水户学派逐渐势微，洋学家再次活跃起来，"倒幕维新"思想应运而生，某些下级武士出身的思想家提出了"东洋道德，西洋艺术"的观点，力图把儒学和洋学调和起来。明治政府成立后，执行"求知识于世界"的开放政策，涌现出一批传播西方文明的启蒙思想家，其代表人物如福泽谕吉（1835～1901），他曾三次周游欧美各国，确信要谋求国家独立、富强，必须首先学习西方近代科学文化。福泽谕吉的代表作《西洋事情》、

福泽谕吉

① 佐藤昌介：《洋学史研究序说》第17页，岩波书店，1964年版。
② 青木武助：《新订大日本历史集成》第4卷，第435页。

《劝学篇》、《文明论之概略》对传播西方文明起到了重要作用。

2."文明开化"政策促进日本资产阶级改革

日本明治维新后，特别是岩仓使团访欧回国后，执政者认识到思想文化上的落后，哀叹日本"在睡梦中过了两千年"，认为"西洋人勉有形之学，东洋人务无形之理学，使两洋国民之贫富不同，尤觉生于此积习"[1]，从而坚定了向西方学习的决心，大搞"文明开化"。日本的"文明开化"，首先表现在传播西方的启蒙思想方面。比如福泽谕吉著《劝学篇》(陆续发表于1872～1876年间)，批判封建伦理道德，宣传"天赋人权"思想。这部书发行总量达80万册，可见流传之广。1885年，福泽又出版了《文明论之概略》，系统论述了文明的理念，激起了日本人对西方文化的向往。明治政府推行文明开化政策的另一重要内容是移植西方的生活方式，比如1871年发布"断发脱刀令"，效仿西人发式，禁止腰间佩刀，提倡官员穿西服，吃西餐，建造欧式楼房等。

"文明开化"是明治初年在日本颇为流行的口号，它是明治政府实行资产阶级改革的又一重大政策。广义说，其内容包括近代资本主义的科学技术、文化教育、思想风俗和生活方式；狭义说，主要是指科学、文化、教育事业的近代化。总之，"文明开化"是日本学习西方的一次社会启蒙和社会变革运动。

江南贡院

三、清廷创办的新式教育

在清代，国家选拔人才与前朝一样，都是通过科举。科举制度被称为"抡材大典"("抡材"即选拔人才)，是国家选拔人的"正途"，"其余虽能学贯天人，道侔伊吕者，皆

---

① 久米邦武：《特命全权大使美欧回览实记》第1编，第50页。

谓异路"①。而科举考试又以束缚士人的"八股文"作为考试内容，使读书人只知时文而不通中外。如此选拔人才，必然严重制约教育的兴废，时人曾说："自明科举之法兴，而学校之教废矣。国学、府学、其学徒有学校之名耳。考其学业，科举之法外，无他业也；窥其志虑，求取科名之外，无他志也。"② 也就是说整个学校教育都是"科举"的附庸，强调的是会做"八股文"。

1. 兴办新式学堂

岳麓书院

当时社会还有一种名曰"书院"的教育组织。书院从宋初至清末已存在了千年之久，其名称最早见于唐代，职能主要是校书和藏书，由官方设立。在民间，也有私人创建书院讲学、授徒，但还不普遍，没有形成制度。至宋代，一批由民间设立的书院兴盛起来，且得到了官方的支持和资助。南宋时，书院发展迅速，已达到22所，主要活动是讲学。至清代，书院进一步官学化，当时全国有书院1900多所（后由于各种原因废毁了470多所），其中民办的仅182所，不足书院总数的十分之一。其办学方针以"考课"为主，教学内容专攻"制艺"（八股文），反映了科举制对教育影响的进一步加深。清代的书院几乎替代了国家的教育职能，但不论是势微的官学，还是兴盛的书院，都成了科举制的预备场所。这样的教育机构，自然不可能培养出适合新的社会需求的人才。为了适应新形势，培养新人才，就必须创办新式学校。迫于世界大势，清政府不得不在教育改革上有所动作，其具体内容就是兴办新式学堂、派遣留学生和传播科学知识。

自鸦片战争以后，中国被迫打开国门与"洋人"打交道，迫切需要外语人才。第二次鸦片战争后，外国公使驻京，各通商口岸设领事，而且来往公

---

① 《记闻类编》卷四。
② 汤成烈：《学校篇》上，盛康：《皇朝经世文续编》卷六五。

文、文书"俱用英字书写",需要翻译。为满足这一要求,1861年恭亲王奕䜣奏请仿前之"俄罗斯馆"设立语言文字学馆,但因缺乏教习未果。1862年,奕䜣等再次请设同文馆,认为"欲悉各国情形,必先谙其言语文字,方不受人欺蒙"①。经批准后,同文馆正式成立,附属于总理各国事务衙门。初设英、法、俄文三班,后又增设德、日文等班。1862年6月,英文班首先开办,不久,法文、俄文相继开班。由英国传教士包尔腾任英文教习(后由傅兰雅继任),司默灵任法文教习,柏林任俄文教习。1869年(同治八年),美国传教士丁韪良任总教习,自此以后,由他总管同文馆教务达30年之久。

在举办洋务的过程中,奕䜣等认识到仅解决语言问题是远远不够的,更重要的任务还在于培养科技人才。遂于1866年12月11日(同治五年十一月初五)上奏要求"添设一馆",招收具有举人、贡生资格的所谓"正途人员"入馆学习天文、算学。但这一建议遭到顽固守旧派的坚决反对,文渊阁大学士倭仁立即奏称:"立国之道,尚礼义不尚权谋;根本之途,在人心不在技艺。今求之一艺之末,而又奉夷人为师",是"上亏国本,下失人心"②。这一争论在官员、士人中引起轩然大波,"入馆与不入馆,显分两途,已成水火,互相攻击之不已"③。结果慈禧太后委派倭仁另行设馆,并让他任"总理各国事务衙门行走",倭仁左右为难,迟迟不肯上任,只得认输。经此辩论后,同文馆得以扩大,至1867年,仅课程就开设了算学、天文、物理、化学、外国历史地理、万国公法、医学、生物等门类。1868年,又聘请著名数学家李善兰(字壬秋,浙江海宁人)为总教习。1888年,再添设德文馆。

同文馆是我国最早的近代学校,培养了一批外语和外交人才。甲午战争爆发前,清廷驻日公使汪凤藻、多次出使外国并曾任光绪帝英文老师的张德彝(汉军旗人)都是同文馆的毕业生。当时,培养外语人才的学校还有上海广方言馆(1863年创办)、广州同文馆(1864年)、台湾西学堂(1887年)、珲春俄

---

① 中国近代史资料丛刊《洋务运动》第二册,第7页。
② 《洋务运动》第二册,第30、34页。
③ 《洋务运动》第二册,第33页。

文书院（1888年）、湖北自强学堂（1893年）等。

清政府开办的第二类新式学校是军事学校，主要是为满足国防近代化的需要。最早开办的是福州船政学堂（创办于1866年），创办者为左宗棠（时任闽浙总督）。在开办造船厂的同时，左宗棠特别强调了培养人才的意义："夫习造轮船，非为造轮船也，欲尽其制造、驾驶之术耳"①。船政学堂又分制造学堂（亦称前学堂）和驾驶学堂（亦称后学堂），分别培养造船技术人员和海军军官。后又设绘事院（培养绘图员）和"艺圃"（培养技术工人）。从开办到1907年船政局暂时停办，船政学堂共毕业学生510名（其中制造专业143人，驾驶专业241人，管轮专业126人）。这些毕业生或成为造船的技术骨干，或充任教习，培养海军人才（如严复曾任天津水师学堂总教习，蒋超英任江南水师学堂总教习）；更多毕

同文馆

福州船政局前学堂

福州船政局后学堂

业生则加入海军，成为近代海军的顶梁柱，如福建水师的张成、许寿山、吕瀚、叶琛、林森林、陈英，南洋水师的蒋超英、何心川等人以及广东水师的林国祥、

---

① 《左宗棠全集》奏稿三，第342页。

晚清兴办近代学堂简表（1862～1895）

创办时间	学校名称	地点	创办人
1862	京师同文馆	北京	奕䜣
1863	上海广方言馆	上海	李鸿章
1864	广州同文馆	广州	
1867	福州船政学堂	福州	左宗棠
1867	马尾绘事院	福州	左宗棠
1869	江南工艺学堂	上海	江南制造局
1874	操炮学堂	上海	江南制造局
1876	福州电器学堂	福州	丁日昌
1878	广州西学堂	广州	
1880	天津电报学堂	天津	李鸿章
1881	北洋水师学堂	天津	李鸿章
1882	上海电报学堂	上海	
1885	北洋武备学堂	天津	李鸿章
1886	广州鱼雷学堂	广州	张之洞
1886	台湾电报学堂	台湾大稻埕	刘铭传
1887	广东水陆师学堂	广州	张之洞
1889	威海水师学堂	威海刘公岛	丁汝昌
1890	台湾西学堂	台湾府城	刘铭传
1890	江南水师学堂	江宁	曾国荃、沈秉成
1890	旅顺鱼雷学堂	旅顺	
1891	武昌铁路局算术学堂	武昌	张之洞
1893	天津西医学堂	天津	李鸿章
1893	自强学堂	武昌	张之洞
1895	中西学堂	天津	盛宣怀

李和等。而作为近代海军的重心——北洋海军的组建更体现了水师学堂的作用。1888年正式成军的北洋舰队，除提督丁汝昌为原淮军将领外，其他重要军官（总兵2人、副将5人、参将2人等主力舰只管带）全都由船政后学堂第一、第二、第三届毕业生担任，其中9人还曾赴英留学。除福州船政学堂外，另外的军事学校还有上海操炮学堂（1874年）、天津水师学堂（1881年）、天津北洋武备学堂（1885年）、广东水陆师学堂（1887年，1893年改为水师学堂）、威海水师学堂（1890年）、广州鱼雷学堂（1886年）、江南陆军学堂（1896年）等。

第三类学校是培养技术人才的。比如前面提到的福州船政学堂的前学堂、绘事院。在各地的技术学校还有：上海江南工艺学堂（1869年）、福州电气学堂（1876年）、广州西学馆（1878年）、天津电报学堂（1880年）、上海电报学堂（1882年）、台湾西学堂（1887年）、武昌铁路局算术学堂（1891年）、天津西医学堂（1893年）、天津中西学堂（1895年）、南京储才学堂（1896年）等。

这些近代新式学校培养了许多近代化事业所需要的人才。同时，也为中国近代教育的发展奠定了基础。

2. 派遣留学生

晚清政府培养洋务人才的另一条途径就是向欧美各国派遣留学生。

中国近代最早出国留学的是三位广东青年（容闳、黄胜、黄宽）。19世纪40年代，他们由澳门马礼逊学堂的主持人塞缪尔·勃朗带到美国读书。容闳于1854年毕业于美国耶鲁大学，他抱定决心，要"以西方之学术，灌输于中国，使中国日趋于文明富强之境"，"借西方文明之学术以改造东方之文化，必可使此老大帝国一变为少年中国"[1]。容闳归国后，曾投太平军，未被赏识，遂转投曾国藩，在江南制造局内创办军工学校。以后又建议选派优秀青年出国留学，这一建议为曾国藩认可。至1871年（同治十年），时任两江总督的曾国藩与直隶总督李鸿章联名奏请选派聪颖幼童赴西方留学，"使西人擅长之技，中国皆

---

① 《西学东渐记》。

容闳

然谙悉，然后可以渐图自强"①。经清政府批准，派刑部主事陈兰彬与容闳率第一批留学生30人于1872年赴美留学。随后又于1873年、1874年、1875年分别派出二、三、四批留美学生，共计120人。这批留美少年极具进取精神。他们在美国学习大有长进，归国后成为各行业、各部门的骨干，有的更成为政坛、军界的头面人物，其中包括曾任民国总理的唐绍仪、外交总长梁敦彦、海军部次长徐振鹏、著名铁路工程师詹天佑、北洋大学校长蔡绍基等。

1875年（光绪元年），即将调离的船政大臣沈葆桢提出派船政学生留学英、法。当年，即乘洋员日意格回国采购之便，携魏瀚、陈兆翱、陈季同、刘步蟾、林泰曾等五人出国参观、学习。继任船政大臣丁日昌、吴赞诚也极力主张派遣留学生。两年后，福州船政局正式派出第一批留欧学生35名（其中制造专业有郑清濂、罗臻禄等12人，驾驶专业有刘步蟾、林泰曾等12人，艺徒有裴国安、张启正等9人）。1881年12月，北洋与福建又继续选派李鼎新等10名学生留学英、法、德国，以三年为期。1886年，北洋派出了第三批学生留学英、法，其中有驾驶专业学生刘冠雄、黄鸣球等20人，制造专业学生林振峰等14人（其中一人因故未成行）。以上三批留欧学生共78人。这些学生学成回国后，大部分被分配到海军和军械厂任职。

总计，从1872年至1886年间，清廷共向欧美强国派遣留学生7批200余人。人数虽然不多，仍起到一定作用。他们或为传播西方先进文化做出贡献（如严复等），或在保卫国家的战争中英勇献身（如在马尾海战中牺牲的薛有福、邝咏钟、杨兆楠、黄季良等；在甲午海战中殉难的林泰曾、刘步蟾、林永升、沈寿堃、黄建勋、黄祖莲、陈金揆等），有的还在制造枪炮、开矿、修铁路等方面做

船政学堂派赴英国学习的部分留学生

---

① 中国近代史资料丛刊《洋务运动》第二册，第153页。

首批赴美留学幼童

出了显著成绩（如詹天佑等）。

3. 推动近代科学技术传播

晚清教育改革的另一成就，就是推动了近代科学技术知识的传播。在举办"洋务"的30多年中，西方近代科学技术知识大量传入中国，许多新设的学堂如北京的同文馆，上海、广州的广方言馆都陆续翻译、出版了一批科技书籍，把采矿、造船、蒸汽机制造以及天文、数学、物理、化学等学科的知识介绍到中国。

中国近代的洋务教育，虽然创办了一些新式学校，设置了新的"西学"课程，但数量毕竟有限。而且没有形成完整的近代学校体系，没有统一的学制，教学管理、教学方法很难摆脱旧体制。尤其是近代学校从全国范围来说寥若晨星，与日本大规模普及近代教育相比，差距是显而易见的。

四、日本的教育改革和近代教育

在明治政府中屡任要职的大隈重信（1838～1922）曾说："教育于维新之前，局限于武士四十万之间。至维新之后，则普及于全民"[①]。确实，日本在德川幕府时期是一种贵族教育，教育的对象主要是武士，教学内容也以儒学为主，教育机构则有所谓"学问所"（官学）、藩校（由各藩设立）、寺子屋（平民学校，多设于寺院内）、乡校、私塾（各学派的传授场所）等。明治政府成立后，这些旧式学校显然已不适应培养全新人才的任务，于是，首先开始整顿旧教育机构。1869年，成立了大学校，教授汉学和洋学。1872年，创建东京大学。同时，在教育政策上也有所改变，一是允许平民入校学习，二是教学内容上增加了洋学课程。1871年，日本政府新设文部省。掌管教育行政。这年年底，又成立学制调查研究委员会，着手草拟"学制"，开始了教育改革。

①　大隈重信：《开国五十年史》第10册，第46页，商务书局版。

1. 开启教育改革

1872年9月，明治政府正式颁布《学制》、《有关奖励学业的告谕》以及《撤销府县旧有学校、按照学制重新设立学校》三份文件，标志着教育改革的开启。《告谕》宣布"国民皆学"的教育方针，声称："邑无不学之户，家无不学之人"[①]。《学制》则是关于建立近代学校体制的法令，它规定把全国分成8个大学区，每学区设大学一所；第一个大学区又分设32个中学区，每区设中学一所；每一个中学区分为210个小学区，每区设小学一所。这样，全国共设大学8所，中学256所，小学53760所，形成了一个全国统一的教育体制。同时，撤销了旧式学校，将乡校、寺子屋改成小学，强令学龄儿童入学。到1875年，全国共设立（或改建）小学24225所。但由于国家财力不足、人民生活水平低下以及办学经验不足，这样的强制入学政策很难推行，小学生的实际入学率只有30%左右，政府不得不在1879年废止《学制》，代之以《教育令》。

《教育令》与《学制》的不同是废除了学区制，改由地方管理。这种政策上的灵活性，既减轻了国家的财政负担，又延长了学生就学年限。但随之也出现了"自由放任"的偏向，使儿童就学率下降。1880年12月，政府再颁《修正教育令》，加强了各级政府对学校的监督，强调国民义务教育，并将16个月的义务教育年限改为三年。同时还加强忠君爱国教育。1890年10月30日，明治政府颁布《教育敕语》作为教育总方针。《教育敕语》是本着"以儒教为根本，西洋哲学为参考"的原则制定的，它把"忠君爱国"作为教育方针的灵魂，并以"和魂洋才"为教育纲领。这一方针在日本实行了半个世纪，直至日本在第二次世界大战中投降，它为日本军国主义体制的巩固以及对外发动侵略战争起到了精神保证作用。

1885年，日本建立内阁制，由在国外做过长期考察的森有礼任文部大臣。为整顿教育体制，在其主持下，发布了一系列《学校令》。1886年，发布《帝国大

---

① 大久保利谦：《近代史史料》第98页。

学令》、《师范学校令》、《小学校令》、《中学校令》。1889年，又发布《实业学校令》。学校令把中、小学分成两个阶段：小学8年，其中寻常小学与高级小学各4年；中学8年，其中寻常中学5年，高等中学3年。在小学阶段，寻常小学属国民教育范围；"高等小学"则为中学输送学生。在中学阶段，"寻常中学"是普通教育，由县、府管理，"高等中学"则为大学输送人才（即大学预科）。学校令的颁布，说明日本已确立了近代的学校体制，基本完成了教育改革的任务。

明治维新后，日本大办近代教育，成绩显著，其中一个标志是义务教育的就学率不断提高。小学就学率，1873年只有28.1%，而1877年达到39%，1879年达到41.2%，随后不断提升，不到半个世纪，就实现了普及国民教育。

2. 大力提倡实业教育

日本办教育的成绩之二是实业教育（即职业技术教育）得到较快发展。从19世纪80年代起，明治政府在普通学校中加强了技术教育，小学设手工科，中学设实业科。日本的实业教育自成体系，初、中、高三级配套：初等是小学的手工科、实业科；中等为师范学校、普通中学的工、农、商科及其他实业学校；高等为专科实业学校。明治初年，工部省还创办了高等理工学校。1879~1885年，仅工部大学校和东京大学理学部、工学科的毕业生就有418人。

3. 资助、选派优秀学生出国留学

成绩之三是留学生教育初见成效。1870年，政府制定了《海外留学生规则》，在《学制》中也有关于留学生的条款，明文规定"留学生无尊卑之分"（标榜"四民平等"），规定留学生年龄为16~25岁，留学年限一般为5年。同时，政府还颁布奖励留学的条例。从1869年至1870年共派出留学生174名，1873年增至372人。留学经费也相当可观，甚至占到文部省总预算的18%。为减轻国家负担，1875年，文部省又颁布《贷费留学生规则》，目的是选拔优秀学生，由国家贷款派出。学成归国后，于20年内还清贷款。1882年，又制定《公费留学生规则》，由国家指定留学的国家和学校，并负担学费，归国后经政府分配工作。派遣留

日本陆军士官学校

学生的制度后来不断完善，学生的质量也不断提高，因而从19世纪80年代起，日本归国留学生逐步开始取代外籍专家成为科学技术界的骨干。

4. 军国主义教育的形成

当然，日本近代教育中也存在着明显的负面影响。其中最突出的是军国主义教育的形成。明治政府为巩固统治，在教育改革中，毫不动摇地把近代教育纳入到忠君爱国、儒家伦理和神道主义的封建德育轨道。1878年，明治天皇在外地巡视后，对推行近代教育中社会出现的关于民主、自由的要求非常不安，遂发布《教学大旨》，决定"从今以后，专述仁义道德之学，应以孔学为主"。翌年，又公布《幼学纲要》，着重宣扬儒家的道德观，并大力宣传"皇道"思想。1880年修改《教育令》，规定从小学起就要开展"尊皇爱国"教育。1890年，又颁布了《教育敕语》，规定百姓必须对天皇尽忠。此外，还对普通民众开展军事教育。同时，各地遍设神社，强制民众参拜，通过宗教形式推行军国主义教育，从而使日本的教育近代化彻底变了味。

五、中、日教育改革的不同结果

日本有位著名的经济学家南亮进来华讲学时，曾讲过一段话，很值得深思，他说：

日本之所以能较好地消化和吸收外来文明，主要得益于其发达的教育。据美国人R.道尔推测，明治维新时日本的识字率比现在许多发展中国家高出很多，也许还超过处于同等经济发展阶段的许多西欧国家。反观中国，迄今文盲、半文盲仍占总人口的20%～30%，广大农村地区辍学、失学现象普遍。以如此低劣的教育水平，如何能在外

来文化冲击下明辨是非，去粗存精呢？^①

他山之石，可以攻玉。这段话讲于20世纪末，100年前的情况就不知要更严重多少倍！早在甲午战前，由于中、日两国对发展近代教育的认识、态度、决心、路径不同，使得两国在改造国家、提升国力方面出现了悬殊的结果。维新思想家梁启超说过："变法之本在育人才，人才之兴在开学校，学校之立在变科举。而一切要其大成，在变官制"^②。清政府只要不废除"八股"取士的科举制度，自然不能大开学校，普及教育，也就谈不到提高全民族的科学技术知识水平。甲午战前，清政府虽然也仿效西方办过一些新式学校，并向欧、美派出了留学生，但整个政治制度没有改变，科举制度没有改变，其教育改革的成效也就微乎其微。即使培养了一批新式人才，也不可能得到重用。梁启超曾对比了一下中、日两国对待留学生的态度，他说：

> 日本维新之始，选高材生就学欧洲，学成返国，因才委任，今之伊藤、榎本之徒，皆昔日之学生也。而中国所谓洋务学生者，竭其精力，废其生业，离井去邑，逾幼涉壮，以从事于西学，幸薄有成就，谓可致身通显，光宠族游。及贸然归，及置散投闲，铩落不用。往往栖迟十载，未获一官；上不足以尽所学，下不足以救饥寒，千金屠龙，成亦无益。呜呼！人亦何乐而为此劳哉！夫国家之教之，将为用也，教而不用，则其教之意何取也？生徒之学之，将效用也，学而不见用，则其学之意何在也？此真吾之所不能解也。^③

中、日两国对留学归国人才的态度和使用如此不同，也从某一个角度预示着甲午战争的结局。

① 《中国应以发展教育来抵御外来糟粕》，《上海经济研究》1994年第7期。
② 中国近代史资料丛刊《戊戌变法》第三册，第21页。
③ 《变法通议·论科举》。

第五章

新旧参半的清军
与迅速近代化的日军
——中、日军事力量之比较

一、清军的编制与装备

清朝的"经制兵"（指国家军队）主要有"八旗"和"绿营"两支。"八旗"兵是在清朝入关前创设的，"八旗"既是一种军事组织，又是社会政治组织，是一种兵民合一的制度。1601年（明神宗万历二十九年），努尔哈赤建立黄、白、红、蓝四旗，十四年后，又增设镶黄、镶白、镶红、镶蓝四旗，统称"八旗"。每旗有官兵7500人，八旗共有兵力6万人。到皇太极时，又组编了"蒙古八旗"和"汉军八旗"，总兵力达十四五万人，是清朝统一全国主要依靠的军事力量。入关后，重点

甲午战争中的八旗兵

驻防京师，并在全国重要战略要地驻扎。到鸦片战争时，兵力约有10万余人。

"绿营"兵是招募汉人编成的军队，顺治初年才定制，因军队旗帜为绿色，故称"绿营"。"绿营"与"八旗"都是一种"世兵制"，"一列尺籍，终身不改"，而且父死子继，世代为兵。京城也有驻防的绿营兵，称为"巡捕营"，归步军统领管辖；驻各省的绿营由总督、巡抚、提督、总兵管辖（分别称为督标、抚标、提标、镇标）。标下设协（由副将统率），协下设营（由参将、游击、都司、守备统率），营下设汛（由千总、把总、外委统领）。到鸦片战争时，全国绿营兵约有60万人。

八旗兵在一段较长时间内，拥有较强的战斗力，清一代的开国史上，战功赫赫。但在全国统一后，八旗兵养尊处优，武备废弛，不事训练，战斗力一蹶不振。绿营兵本是清初为补八旗兵力不足而创设的，到嘉庆年间（1796～1820），兵力曾达到60万人之众。从平定"三藩"之役到鸦片战争时，都是清军的主力（至1887年，绿营兵仍有46.7万人）。从清中叶以后，这支军队同样训练废弛，纪律败坏，军饷菲薄，积重难返。正是由于八旗兵和绿营兵的腐败，当太平军起兵后，他们已无力承担镇压农民起义的职责，清政府只能依靠异军突起的"勇营"。

1. 异军突起的"勇营"及"防军"、"练军"

1851年1月，洪秀全在广西桂平金田村起义，攻占永安，建号太平天国。为适应镇压太平军等农民武装的需要，咸丰三年（1853）春，湖南在籍礼部侍郎曾国藩奉旨帮办本省团练，他在湘乡团练的基础上，组建了别具一格的新军——湘军。咸丰四年，正式确定"湘军营制"，总计有陆军13营（计5000

余人），水师10营（5000人），配备各种船只500余艘，炮500余门。湘军拥有陆师、水师、马队三个兵种，以营为组建单位。陆军开始以360人为一营（后增至500人），每营设营官1人，下辖前、后、左、右四哨，每哨设哨官、哨长各1人，每哨辖8队，每队设什长1人，正勇10～12人，伙勇1人。营以上设统领，所辖营数从几个到几十个不等。如统领所辖营数较多，也设分统，以便指挥。各统领均由大帅指挥。统帅部（即大营）设有营务处、粮台以及厘金、制造、支运、转运等局。

湘军的编制与绿营是截然不同的，其特点是：兵必自招，将必亲选，饷由帅筹。因而形成的隶属关系是以各级将领为中心，兵随将转。也就是以私人募兵制代替了国家世兵制，其军费国家并无专项拨款，起初由地方官绅捐输，同时，中央指拨驻地周围地方的地丁、漕、盐、关税等税收，并经与地方督抚协商解决。同时，湘军还制定"长夫"制度，每营设"长夫"180人，担任运输、军事后勤等项工作。

19世纪60年代初，在曾国藩的支持下，李鸿章在安庆组建"淮军"，开赴上海。开始兵力仅为6500人，到1865年（同治四年）总兵力已达到5万余人。"淮军"在营制、饷章、筹建方法上基本仿效"湘军"，但在装备和训练模

列队之淮军

式上却在"西化"道路上迈出了较大一步。据李鸿章自己在奏章中所说，淮军"约有洋枪三四万杆，铜帽日需千余万颗，粗细洋火药月需十万余觔"①。截止到1874年，共购买了各种洋枪十数万支，从1875年（光绪元年）至1894年共购置后膛大炮486门。在编制上，淮军除步兵、骑兵外，还组建了4营开花炮队，已有了专门化的炮兵。由于既有外购武器，又自己设厂制造，淮军

---

① 《淮军平捻记》卷一。

的装备远远优于八旗、绿营乃至同为勇营的湘军。至1878年（光绪四年），淮军仿效德国军制建立新式炮队19营，配备德国克虏伯后膛钢炮114门。同时，李鸿章还注重用西法训练军队，不仅聘请了外国军事教官（据统计约20余名），而且还创设军事学堂，培养军事人才。"淮军"的初步西化，使清代军队从传统陆军开始向近代新式军队过渡。

　　19世纪60年代中期，太平天国农民起义被镇压下去后，当时全国有湘军、淮军及其他各路勇营部队数十万人。对这些非经制兵，清廷按惯例本应予以裁遣，但靠这批军队起家的一些地方督抚不愿全行裁撤，于是提出改变过去仅以八旗、绿营为经制兵的制度，在勇营中"选留劲旅"，屯驻南北扼要之处。清廷迫于形势，只得改变过去"事终勇撤"的惯例，同意保留部分"勇营"。1875年，清廷任命沈葆桢、李鸿章为南、北洋通商事务大臣，大力加强海防建设，湘、淮军实际成为沿海各省的主要驻防军。因此，从19世纪70年代以后，所有保留下来的勇营部队通称"防军"。各省的防军规模不一，时有增减，没有形成统一的编制。

驻防清军在操练

　　全国防军以湘系、淮系为主干。湘系防军主要驻防南方和西北各省，淮系防军则驻防直隶、山东等省。据1898年（光绪二十四年）统计，全国防军共有27万人左右，其中以淮系防军装备最优，一律使用洋枪，并配备了新式的克虏伯后膛炮，在1884年时，配炮已达370余门。其他各路防军装备要差一些，但也多以洋枪、洋炮为基本武器。比如，中法战争（1883～1885）时，出境作战的滇军（云南防军），主要配以毛瑟枪，另有哈乞开斯连发枪1000支，克虏伯钢炮12门；甲午战争中，在辽东作战的黑龙江、吉林、奉天防军配备也以洋枪、洋炮为主，其中后膛快枪占40%左右。但各省防军的装备极不统一，向外国订购的武器型号五花八门，据有人统计，"中国所用的来复枪就有十四个不同的种类"①。平时训练虽也聘请了一些外国教官（如淮军曾聘请德国教官），但仍保留着中国的传统作战模式；在编制上，防军也沿用湘军营制，"恪守规模"，"竭力维持"（曾国荃1887年奏稿），根本不能适应近代战争的需求。

同治、光绪年间，清政府为整顿"绿营"兵，又建立了"练军"，也可以说"练军"是"绿营"的一种变形。说白了，就是用勇营的营制来改造绿营兵。最先提出这个计划的是江西巡抚沈葆桢。1862年（同治元年），他提出："自立之策，莫如先练额兵"。也就是对江西绿营兵加饷、轮训，以提高战斗力。翌年，直隶总督刘长佑开始把这一建议付诸实践。首先，他制订了以湘军之制练直隶绿营的规划，后又拟订详细营规15章，共设6军，每5营为1军，军设统领。每营500人，六军共15000人。半年之内，六军全部练成。以后，练军制度推行到各省，时间主要是在19世纪七八十年代，练军最大额数全国总计有11万人之多（同期绿营兵总额约38万余人）。

由于清军兵力缺乏准确统计，甲午战前，全国陆军的具体数字很难估算。倒是日本人根据他们的情报，提供了一些参考数据。甲午战后，日本参谋本部出版的《明治廿七八年日清战史》一书估计称：当时，中国各省总计有步兵（包括炮兵、工兵）862营，骑兵192营，步兵每营平均以350人计，总数为301700人；骑兵每营以250人计，总数为48000人，全部兵力总计为349700人。而甲午战后的1898年（光绪二十四年），据清政府兵部、户部的统计数字，各省防军、练勇合计为36万人，两项数字大体相符。当然，这个数字并不包括八旗兵和绿营兵，而实际上这两支军队由于训练废弛，根本不能参加战斗。

2. 中国近代海军的建立

在咸丰朝（1851～1861）以前，清军装备的武器主要是两种，一是传统的冷兵器（如刀、矛、弓箭等），另一种是传统的旧式火器（鸟枪、抬枪、红

---

① 中国近代史资料丛刊《洋务运动》第8册，第466页。

衣大炮等）。第二次鸦片战争（1856～1860）后，开始大量输入洋枪、洋炮。19世纪60年代以前，输入的西方兵器是老式的前膛枪炮。而从70年代后半期起，后膛枪炮输入。开始为后膛单发枪，到中法战争（1883～1885）前后，美国制造的"文且斯特"连发枪传入我国。输入的火炮主要是英国阿姆斯特朗厂生产的熟铁炮和钢炮。在输入西式火器的同时，清廷还开始引进西方技术设厂自制新式枪炮。从1861年至1894年甲午战争爆发时，全国共有兵工厂24所。作为主要的兵工厂——江南机器制造局于1867年仿制成功了美式林明敦边针后膛单发枪（口径13mm）；1883年，又制成美式黎逸单发后膛枪。80年代以后，还开始仿制各种后膛炮。到甲午战争爆发前，江南制造局已生产了各种口径火炮134门。

金陵机器制造局

一些先进火器在中国的传播速度相对是比较快的。比如，美国于1862年发明了轮回枪，22年后（1884年），金陵机器制造局就开始仿制成功，称"十门连珠炮"；1878年，英国研制出"诺登飞"连装管机枪（每分钟射击350发子弹），六年后（1884年），金陵机器制造局就仿制成功，称"四门神速炮"；1883年，英国人马克沁发明制造了重机枪（每分钟射击600发子弹），而五年后（1888年），金陵机器制造局就开始仿制。

　　清军的武器装备，在19世纪后半期有所改进，但总体上还是落后。在甲午战争期间，一些清军甚至还在使用刀矛、弓箭等原始武器。据俄国一位在远东的军事间谍报告说，日军的战利品中，竟有"不少弓箭和各种棍棒"，"而中国人的枪炮也不比棍棒好多少。克虏伯的优质大炮竟锈得大部分连炮栓都拉不开"[①]。

---

① 　纳罗奇尼茨基等；《远东国际关系史》第1册第3章。

在清廷推行"求强"新政期间，中国军事力量最显著的变化是近代海军的创立。新组建的近代海军是一支与旧式水师完全不同的新型海上武装。近代以来，中国的外来威胁主要来自海上，而西方侵略者的"船坚炮利"也让清朝中央和地方的掌权者羡慕不已，建立一支近代海军的计划自然提上了议事日程。第二次鸦片战争后，清政府为应对严重的"内忧外患"，曾委托海关总税务司、英国人李泰国代为办理购买船炮事务。最后在

英国海军上校阿思本

英国购置了7艘炮舰和1艘供应船，共花费白银107万两，组织了一支雇佣舰队，甚至任命了一位英国海军上校阿思本为舰队司令，李泰国竟私自招募了英国海军官兵600多人。这支"中英联合舰队"开到中国后，受到曾国藩、李鸿章等人的坚决抵制。最后白白支付了67万两白银的遣散费。中国人建立近代海军的最初尝试就以"赔了夫人又折兵"的结果宣告失败。

1868年（同治七年），时任江苏巡抚的丁日昌提出了一个《海洋水师章程六条》的方案，建议设立"三洋"水师（即北洋、东洋、南洋），"每洋各设大兵轮船六号，根钵轮船十号"（"根钵"是英语炮艇gunboat的译音），各设提督统辖。"有事则一路为正兵，两路为奇兵，飞驰援应，如常山蛇首尾交至"①。但是这个方案一直被搁置着，直到六年后（1874年）才经广东巡抚张兆栋代为向朝廷上奏（丁日昌时丁忧在广东丰顺家乡）。

1874年，日本入侵台湾，举国震惊，恭亲王奕䜣等提出了加强海防的六项办法。而此时，新疆大部分土地已经沦为异域，西北边防告急。清廷遂就国防建设问题开展了一次大讨论，最后确定"东则海防，西则塞防，二者并重"的国防方针。从1875年（光绪元年）起，清政府正式实施发展海军的计划，当时

---

① 中国近代史资料丛刊《洋务运动》第五册，第30～33页。

奕䜣

全国拥有大小舰艇30余艘，在以后的十多年里，分别建立了福建、南洋、广东、北洋四支海军舰队，并具备了一定规模。

福建由于创办了福州船政局和船政学堂，成为最早发展近代海军的地区。船政局建造的第一艘木质轮船"万年青"号于1869年6月10日下水，随即又造成了"湄云"、"福星"轮船。1870年9月，清政府正式任命福建水师提督李成谋为第一位"轮船统领"，这是福建海军创建的标志。1879年7月，清廷发布上谕，命福建各船先行成军，福建海军正式成立。

福建海军舰船表

舰名	舰种	排水量（吨）	马力（匹）	航速（节）	炮数（门）	舰员（人）
扬武	轻巡洋舰	1560	250	12	11	200
伏波	炮舰	1258	150	10	5	150
济安	炮舰	1258	150	10	9	150
飞云	炮舰	1258	150	10	7	150
福星	炮舰	545	80	9	5	70
艺新	炮艇	245	50	9	5	30
振威	炮舰	572	80	9	5	100
福胜	炮艇	250	389	8	1	26
建胜	炮艇	250	389	8	1	26
万年青	运输舰	1370	150	10	—	—
海镜	运输舰	1358	150	10	—	—
琛航	运输舰	1358	150	10	3	150
永保	运输舰	1358	150	10	3	150

福建海军旗舰"扬武号"

1884年8月，中法马尾海战爆发，福建海军几乎全军覆没，战后仅余小型炮舰、运输舰、通讯舰约10艘，其中大者也不过千余吨，质地也是木质或铁骨木皮，已经没有战斗力可言。

1875年，沈葆桢由福建船政大臣调任两江总督兼南洋通商大臣，开始筹办南洋海军。该舰队的军舰主要由江南制造总局和福州船政局建造。1880年，从英国订购的"龙骧"、"虎威"、"飞霆"、"策电"四艘炮舰派归南洋调遣。1883年，时任两江总督的左宗棠在福州船政局定制了巡洋舰"开济"号，又从德国订购了"南琛"、"南瑞"两艘巡洋舰。1884年左宗棠奉调入京，曾国荃接任两江总督兼南洋通商大臣，以长江水师提督李成谋任南洋兵轮总统。1890年曾国荃死于任上，1891年4月，刘坤一任两江总督，调原寿春镇总兵郭宝昌任兵轮总统。当时，南洋海军计有巡洋舰5艘（"寰泰"、"镜清"、"南琛"、"南瑞"、"开济"），炮舰5艘（"保民"、"龙骧"、"虎威"、"飞霆"、"策电"），运输舰2艘（"威靖"、"测海"），练习舰1艘（"登瀛洲"）。

沈葆桢

南洋海军舰船表

舰名	舰种	排水量 （吨）	马力 （匹）	航速 （节）	炮数 （门）	舰员 （人）
南琛	巡洋舰	1950 （一说2200）	2800 （一说2400）	13 （一说15）	18 （一说19）	217 （一说250）
南瑞	巡洋舰	1950 （一说2200）	2800 （一说2400）	13 （一说15）	18 （一说15）	217 （一说250）
开济	巡洋舰	2200	2400	15	14	183
寰泰	巡洋舰	2200	2400	15	11	—
镜清	巡洋舰	2200	2400	15	10	—

续表

舰名	舰种	排水量（吨）	马力（匹）	航速（节）	炮数（门）	舰员（人）
保民	炮舰	—	1900	8	—	—
龙骧	炮舰	319	310	9	5	61
虎威	炮舰	319	310	9	5	61
飞霆	炮舰	400	270	9	6	60
策电	炮舰	400	270	9	6	60
威靖	运输舰	1000	605	12.5	8	142
测海	运输舰	600	431	12.5	8	120
登瀛洲	练习舰	1258	150	10	7	158
操江	炮舰	640	425	8	5	82（后调北洋）
元凯	炮舰	1250	150	—	5	—
超武	炮舰	1268	750	12	—	—（后调北洋）
辰字、宿字	鱼雷艇	90	700	18	—	36（1895年抵华）
列字、张字	鱼雷艇	62	900	16	4	34

在近代海军建设中，广东还是具备一定基础的。早在1867年（同治六年），两广总督瑞麟就曾向英、法订购了大、小轮船6艘。到1874年，广东已拥有大小轮船9艘，并创办了广州机器局，自行制造内河小轮船16艘。1875～1880年，又自制了"海长青"、"执中"、"镇东"、"辑西"4艘军舰，以后又开始自制"蚊船"（炮艇）。1881年，两广总督张树声，从广东各舰船中挑选了12艘，令署水师提督吴全美用西法进行训练，开始有了广东海军的建制。1882年，又制造了浅水小轮船2艘。至1887年（光绪十三年），广东海军共拥有中、小型轮船25艘（可查考者有18艘），到1892年以前，又增添军舰12艘，但吨位都比较小。

广东海军舰船表

舰名	舰种	排水量（吨）	马力（匹）	航速（节）	炮数（门）	舰员（人）
澄清	炮舰	—	—	—	—	—
绥琛	炮舰	—	—	—	—	—
安澜	炮舰	—	—	—	—	—
镇涛	炮舰	450	265	7	7	—
执中	炮舰	500	300	—	6	—
海镜清	炮舰	450	310	—	6	—
海东雄	炮舰	350	200	8	5	—
海长青	炮舰	320	200	—	4	—
恬波	炮艇	150	100	6	2	
镇东	炮艇	170	170	—	3	
辑西	炮舰	320	200	—	6	
靖安	炮艇	150	100	6	2	
横海	炮艇					
宣威	炮艇					
扬武	炮艇					
翔云	炮艇					
肇安	炮艇					
南图	炮艇					
广戊		400		10		
广利			65	9	5	
广亨			65	9	5	
广贞			78	10	5	
广元			78	10	5	
广甲	巡洋舰	1300	1600	14		
广乙	巡洋舰	1003	2400	14（15）	9	110

续表

舰名	舰种	排水量（吨）	马力（匹）	航速（节）	炮数（门）	舰员（人）
广丙	巡洋舰	1030	2400	15	3	
广己	炮舰	400		10		
广庚	炮舰	320		14	6	
广玉	炮舰	550	500	9（12.5）	5	
广金	炮舰	550	500	9（12.5）	5	

另有鱼雷艇"雷龙"、"雷虎"、"雷中"、"雷乾"、"雷坤"、"雷离"、"雷坎"、"雷震"、"雷艮"、"雷巽"、"雷兑"等11艘。

直到甲午战前，北洋、南洋、福建、广东四支近代海军中，正式成军的只有北洋一支。从1875年李

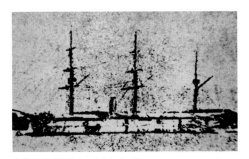

参加甲午海战之"广甲"舰

鸿章受命督办北洋海防事宜起，他就开始组建北洋海军。起初只有福州船政局和江南制造总局建造的船舰四艘（"操江"、"镇海"、"湄云"、"飞云"）。以后又陆续从福建借调了几艘舰船（"飞云"回闽修理后，改派"万年青"，"万年青"回厂修理后改派"泰安"。此外，还将船政局建造的"威远"、"康济"两舰拨归北洋作为教练船）。1881年，北洋已拥有舰船14艘。

进入19世纪80年代，从外国订购的新式战舰陆续来华。1881年11月，在英国订购的两艘轻巡洋舰"超勇"号、"扬威"号驶抵大沽口。1885年底，在德国订造的铁甲舰"定远"号、"镇远"号及巡洋舰"济远"号建成。1887年，在英国订购的巡洋舰"致远"号、"靖远"号及在德国订造的装甲巡洋舰"经

《北洋海军章程》

远"号、"来远"号先后建成来华。至此，北洋海军已拥有铁甲舰2艘，巡洋舰7艘，炮舰6艘，鱼雷艇6艘，训练舰3艘，运输舰1艘，总计舰艇25艘。1888年（光绪十四年）9月，清廷颁布了《北洋海军章程》，《章程》共分船制、升擢、事故考校、俸饷、恤赏、工需杂费、仪制、铃制、军规、简阅、武备、水师后路各局共14款。这是参照西方近代海军规章制度制定的中国近代第一个海军章程，它的制定与颁布标志着北洋海军在当时已成为中国唯一成军的近代化舰队。但它的编制仍基本沿袭了旧有军制（如一船为一营，舰长称"管带"，全军分左、右翼，中军、后军四队等）。

北洋海军舰船表

舰名	舰种	排水量（吨）	马力（匹）	航速（节）	火炮（门）	鱼雷发射管	舰员（人）
定远	铁甲舰	7335	6000	14.5	22	3	329（一说331）
镇远	铁甲舰	7335	6000	14.5	22	3	329（一说331）
经远	装甲巡洋舰	2900	5000	15.5	14	4	202
来远	装甲巡洋舰	2900	5000	15.5	14	4	202
致远	巡洋舰	2300	7500	18	23	4	202
靖远	巡洋舰	2300	7500	18	23	4	202
济远	巡洋舰	2300	2800	15	23	4	202
平远	巡洋舰	2150	2400	14.5	17（一说11）	4	200（一说145）

续表

舰名	舰种	排水量（吨）	马力（匹）	航速（节）	火炮（门）	鱼雷发射管	舰员（人）
超勇	轻巡洋舰	1350	2400	15	12（一说18）	3	137
扬威	轻巡洋舰	1350	2400	15	12（一说18）	3	137
镇东	炮舰	440	350	8	5	0	55
镇西	炮舰	440	350	8	5	0	54
镇南	炮舰	440	350	8	5	0	54
镇北	炮舰	440	350	8	5	0	55
镇中	炮舰	440	350	8	5	0	55
镇边	炮舰	440	400	8	5	0	54
康济	练习舰	1310	750	12	11	0	124
威远	练习舰	1358	840	12	11	0	124
敏捷	练习舰	750	—	—	—	0	60
左一	鱼雷艇	108	1000	24	6	3	29
左二	鱼雷艇	108	600	18	2	2	28
左三	鱼雷艇	108	600	19	2	2	28
右一	鱼雷艇	108	600	18	2	2	28
右二	鱼雷艇	108	597	18	2	2	28
右三	鱼雷艇	108	597	18	2	2	28
福龙	鱼雷艇	144					
利运	运输舰						
宝筏	运输舰						
泰安	炮舰	1258	150	10	5		
湄云	炮舰	515	320		4		

另有鱼雷艇7艘，又"镇海"、"操江"两舰调入北洋，北洋海军总计有舰艇约38艘。

甲午战争爆发时，清朝海军共拥有大、小军舰78艘，鱼雷艇24艘，总吨位约8万余吨。从总排水量看，在当时世界海军排名中占第9位。据美国海军部长本杰明·富兰克林·特雷西（Benjamin Franklin Tracy）1889年的年度报告说，中国海军排在英、法、俄、德、荷兰、西班牙、意大利、土耳其等国之后，而排在美国和日本之前[1]。

3. 清朝军事体制的落后性

上面介绍了清军陆、海军的编制与装备，但在近代战争中，一个国家的军事体制所起的作用是至关重要的，它将严重影响到军队战斗力的强弱。而军事体制又主要表现在组织体制、兵役制度、军官选拔、训练制度、后勤体制等方面。

首先，从组织体制看。清军的兵种构成单一，陆军只分步队和马队，并没有独立的炮兵、工兵、辎重兵，更没有分工明确的后勤部队。在领导机构上，清军实际不存在一个统一指挥全国军队、确定战略战术方针的最高机构（所谓"兵部"只是掌管全国绿营兵武职官员任免、升降、考核、奖惩等政令的机构；1894年11月2日成立的"督办军务处"也有名无实，束手无策），派往前线的军队基本上各自为政，没有统一的指挥部，当迫于形势不得不临时任命一位前敌主帅时（如任命叶志超为平壤诸军总统，刘坤一任钦差大臣，节制关内外诸军），也是徒有虚名，指挥并不得力。1894年7月下旬，日军从海陆两路同时袭击清军，战争爆发。8月上旬，计有卫汝贵、马玉崑、左宝贵、丰升阿四支清军进驻平壤，但各自为政，互不统率。直到8月25日，清廷才匆忙任命四天前从牙山逃回的叶志超为平壤诸军总统。败军之将，竟受重用，无怪消息传出，"一军皆惊"[2]。再看辽东战场，也始终缺乏一个层次分明、运作有

---

① In Peace and War : Interpretations of American Naval History（1775～1984）。
② 聂士成：《东征日记》。

效的指挥系统。旅顺战区有6支部队，直到大连失陷四天后，将领们仍意见分歧，战守不定。直到战争进行了近半年，清廷才于1894年12月28日任命两江总督、南洋大臣刘坤一为钦差大臣、督办东征军务，节制关内外各军，并以署湖南巡抚吴大澂、帮办北洋军务宋庆帮办东征军务。但这个"东征指挥部"仅仅是个名义上的指挥机构，并不能真正指挥战争全局，比如，第四、五次反攻海城之战，各军之间只规定了一个简单的进攻时间和大致方位，并无具体作战计划，以至诸将"拥重兵，据要害，徘徊观望，乍却乍前，不能出死力以决一胜"①。

其次，从兵役制度看，清政府没有实行义务兵役制。主要的作战武装湘军、淮军以及后来的防军、练军都采取募兵制度，招募的士兵基本上是目不识丁的文盲，很难迅速掌握和娴熟使用近代兵器，甚至有"持新器而茫然不知用法者"②。晚清官场流传着这样一个故事：当时的名将张曜（1832～1891）办团练起家，因军功升至河南布政使（从二品），但他不曾读书，被御史刘毓楠以"目不识丁"参奏，被改任南阳镇总兵。从此，张曜发愤读书，粗通文墨。像张曜这样知耻而发愤的例子在当时毕竟是极少数。何况只学经史而不识西学者更是大有人在，这样的军队一旦临阵，必然是惊慌失措，漫无秩序，除溃败外，也就别无选择了。

再次，军官选拔没有标准。由于近代专门军事教育机构缺乏，中、下级军官主要是行伍出身，文化水平低下，缺乏近代军事知识，即使一些高级指挥官也"多不服西法"③，根本不懂近代战争的战略战术。比如帮办东征军务、湖南巡抚吴大澂既"不谙军旅"，又"自负不凡"，在第四次进攻海城之前，他既不了解敌情，又不认真部署，甚至自诩"有七纵七擒之计"④，其狂妄无知到了愚蠢可笑的地步。作为攻坚的一方，这位吴大帅只会吹牛，既不去切断日军

① 姚锡光：《东方兵事纪略》。
② 《光绪政要》卷二一。
③ 《清光绪朝中日交涉史料》卷二三。
④ 蔡尔康等辑：《中东战纪本末·朝警记十一》。

的供应，又不选择有利时机发动突袭，结果只能以失败而告终。

再次，军队训练极其不规范。 甲午战前的清朝军队如湘、淮军基本上是在19世纪五六十年代镇压农民起义中组建的。进入七十年代后，很少经历战阵，除收复新疆之役（1876～1878年）和中法战争（1883～1885）有部分军队参战外，大部分则疏于军务，纪律松弛。甲午战起，有些开赴前线的军队竟为临时招募，有的甚至"未操过一日"①。即使稍有训练，也只重队形、格斗，于"绘图、测量、行军、水陆工程诸事，尤所不习"②。军纪散漫更是普遍现象，最先入朝的卫汝贵部盛军（约6000人）是李鸿章的嫡系部队，在入朝部队中人数最多，纪律最坏，"奸淫抢掠，无所不至"③。最后入朝的是奉天、吉林的"练军"（约1500人，由副都统丰升阿率领），由于平日疏于训练，百姓"笑其不禁磕碰，戏称为'鸭蛋兵'"④。

即使被称为装备精良的北洋海军，其实际训练水平也是相当成问题的。正如亲历甲午海战的海军军官张哲溁（"来远"舰帮带大副）所披露的，北洋海军"训练不精。我军无事之秋，多尚虚文，未尝讲求战事。在防操练，不过故事虚行。故一旦军兴，同无把握。虽执事所司，未谙款窍，临阵贻误自多。"⑤。

最后，清军的后勤体制也是问题多多，既简陋，又陈旧。

一是粮、饷供应匮乏，往往需要各部将、帅自筹。在军营中，军官克扣军饷，"吃空额"现象严重。军事行动开始后，又没有统一的后勤指挥系统，军需保障极不得力；在作战中，许多物资、设施、器械大量资敌，战士时常处在断炊的危险中。比如，在旅大战区，1894年11月中旬，旅顺存粮仅够守军十日之需，而从金州败退下来的万余军队只能"嗷嗷待哺"，"外有强寇，内有饥军，危殆在于旦夕"⑥。

---

①　盛档《甲午战争》下册，第385页。
②　《张文襄公全集》奏稿卷二五。
③　易顺鼎：《盾墨拾余》，盛档《甲午中日战争》上册，第86页。
④　中国近代史资料丛刊《中日战争》第1册，第109页。
⑤　盛档《甲午中日战争》下册，第398页。
⑥　盛档《甲午中日战争》下册，第335页。

二是武器弹药供给不足。开战前，北洋海军最大口径炮弹仅剩3发。这种型号的炮弹本国不能生产，外购又需时日，不能解燃眉之急。军工生产缺乏统筹规划，从各厂调拨或从国外采购的武器弹药型号、性能参差不齐，军中武器种类、规格极不统一，以至在作战中经常出现有枪炮，而无规格相符的弹药一类的怪事。一位美国海军少将曾这样叙述他在旅顺战役中亲眼见到的一幕："一位战死的中国士兵手握一支前装滑膛枪，而他的子弹盒却装满了金属子弹"[1]。

后勤保障上的弊端在北洋海军的建设上也表现得十分突出。一是海军经费严重不足。1891年（光绪十七年），北洋海军提督丁汝昌就船舰陈旧、机器运转不灵、速率迟滞、快炮未备等问题即时上报清廷，"请及时增购船炮，以备防御"[2]。而初步解决这些问题，共需经费白银210万两（其中更换全部战舰锅炉，10年内需银150万两；添购克虏伯新式快炮21门，共需银60余万两），但这一建议因海军经费被挪作"三海工程"和"颐和园大修工程"之用，未被采纳。由于装备不能即时更新和添置，造成的后果是极其严重的。"譬如'致'、'靖'两船，请换截堵水门之橡皮，年久破烂而不能修整，故该船中炮不多时，立即沉没"。又如因配炮零件储备不足，"东沟之役（指黄海海战——引者注），因零件损伤，炮即停放者不少"[3]。这些直接影响了海军的战斗力。

二是海军弹药缺乏和炮弹质量低劣。弹药不足已达到令人不能容忍的地步。时任海关总税务司的英国人赫德曾说："想要凑够打几个钟头的炮弹，以备作一次海战，在海上拼一下，迄今无法到手"[4]。有的炮弹甚至是废品，"药线铁管，仅实煤灰，故弹中敌船而不能裂"[5]。因此，有人曾评论说："如果这些大炮有适量的弹药及时供应，鸭绿江之役（指黄海海战——引者注）

① 戴维兹编：《美国外交与政府文件：美国与中国》第三辑，第一卷，第341页。
② 池仲祐：《海军实纪·甲申、甲午海战海军阵亡死难群众事略》。
③ 盛档《甲午中日战争》下册，第401页、第398页。
④ 《中国海关与中日战争》第55页。
⑤ 《中东战纪本末》，《中日战争》第1册，第173页。

很可能中国方面获胜"⑤。

二、日军的编制与装备

1. 改革军事制度

日本明治政府一成立，就推行"富国强兵"的政策。明治天皇即位第二年（1869年），首先派出的对外使团就是由山县有朋和西乡从道率领的军事考察团。他们遍访英、美、法、德、俄、荷、土等国，着重了解、研究西方国家的军制和兵器。考察团回国后，立即建议进行兵制改革。1872年12月28日，明治天皇发布《征兵告谕》，宣布施行征兵制（即义务兵役制）以取代"壮兵制"（即士族志愿兵制）。第二年一月，下达了《征兵令》，规定年满20岁的公民，凡符合应征条件者都要服兵役。按照新的军制，陆军分为常备军、后备军和国民军三种。常备军服役期为三年，服役期满后编入后备役（又分第一、第二后备役，第一后备役服役两年，战时立即编入常备军）。国民军则是一种民兵性质的组织，全国17至40岁的男子都编入军籍。日本军队分陆、海两个军种，陆军又分炮、骑、步、工、辎重五个兵种。征兵制实行当年（1873年），陆军总兵力为15300人，两年后增至28474人（不包括军校学生）。1878年又增至38391人，1883年已达43695人。同时，预备役和后备役军人数也急剧增加，1875、1878、1883年分别为4618人、9530人和81168人。

在推行征兵制的基础上，日本还在19世纪80年代改革了军队的编制。日本原本在全国划分6个军管区，设置"镇台"6处。1888年5月，撤销镇台，将陆军改为"师团制"，师团下设旅团，旅团下设联队，师团长由陆军中将担任。甲午战前，日本陆军的编制已有7个师团，番号从第一至第六，另编有"近卫师团"。每一个师团辖两个旅团，每一个旅团辖两个联队，总计有步兵联队28个，野战炮兵联队7个，要塞炮兵大队3个，骑兵大队2个（另有骑兵中队7个），工

---

① J. O. Bland,《李鸿章传》。

兵大队6个（另有工兵中队1个）。步兵野战师团（包括步兵、骑兵、野战炮兵、工兵、辎重兵和军乐队）每个师团兵员约有10154人，近卫师团则为9516人。7个师团平时总兵力约7万人，加上要塞守军、警备和宪兵部队，日本陆军平时总兵力约75386人（川崎三郎著《日清战史》统计为6.6万人）。

2. 改革军事机构

在改革军事制度的同时，日本政府还对军事机构进行了重大改革。明治维新后，日本政府机构中设有兵部省，掌管国防、军事。1872年，按欧美体制分设陆军省、海军省。1874年，再将陆军省下属的第6局改为参谋局。1878年，又仿照德国军制，将参谋局从陆军省中独立出来，改为参谋本部，并另设监军本部，与陆军省并列为三大军事机构，直接隶属于天皇。陆军省的长官为陆军大臣，其职责是制定军事政策；参谋本部的长官为参谋本部长，负责制定军令和作战方案；监军本部长官为监军本部长，负责军事检阅和执行军令。后来，监军本部改为教育总监部，负责军队教育及军事干部的培养。

在军事装备上，无论是陆军还是海军都在不断改进。原来陆军使用的枪炮主要依靠进口，以后逐步走向自制。1880年（明治十三年），村田经芳中佐发明了一种单发枪，最大射程可达2400米，称为"十三年式"，配备部队后，逐渐取代了进口的西方步枪。1885年，又经改进制成了"村田十八年式"步枪。四年后（1889），再次改进成"二十二年式连发枪"，可同时填装8发子弹，射程达3112米，成为甲午战争期间日本步兵的主要武器。据日本专家评估，村田二十二年式步枪比同时期德、法制造的步枪还优秀。（另一说认为甲午战争时，日军步兵主要使用的是十三、十八式村田枪）。

在火炮方面，1872年，日本曾从德国进口80mm口径野炮36门。1881年，又派炮兵少佐太田德三郎赴意大利学习青铜炮制作技术。太田归国时，带回一门野炮和制炮机器。大阪制炮厂在此基础上，试制成功口径7cm的野炮和山炮，最大射程野炮为5000m，山炮为3000m。1885年后，开始大批生产，并装备了全国炮兵。随后，又生产了9cm口径的臼炮。甲午战争时期，日本陆军配备的火炮主要是大阪制炮厂生产的青铜炮和山炮。

3. 重点发展海军

海军是日本重点发展的军种，因为它的基础薄弱，而在对外侵略中又占有重要地位。在19世纪50年代前，日本根本没有近代军舰，直到1854年才开始仿造欧式船只，至1864年共造了大小舰船11艘。从1857年至1868年，又从欧洲购置了小型军舰7艘（从几十吨至几百吨不等）。明治维新后，日本政府特别重视发展海军。1868年，明治天皇在新政府成立不久，就在大阪举行"观舰式"，当时参阅军舰仅6艘，总吨位不过2452吨，还不及两年后福州船政局制造的4艘舰船（总排水量为3738吨）。面对如此脆弱的海军，当年10月，天皇谕令军务官说："海军为当今第一急务，务必从速建立基础"[1]。1872年，又设置海军省，以加速海军发展。同时，又设立海军学校、海军大学和海军工程学校，聘请英国教官。又选派学员赴英、美实习，着力培养海军骨干。但当时日本海军实力仍很薄弱，大小舰船不过17艘。1874年，日本侵略我国台湾失利，使明治政府深感舰船不足，决定向英国定购"扶桑"、"金刚"、"比睿"三舰军舰。到1882年（明治十五年，清光绪八年），日本海军有舰船12艘，兵员8995人。这样一支海军力量对于野心勃勃的日本军国主义来说，自然是远远不够的。1883年，日本政府制订了八年造舰计划，决定每年投资330万日元，八年共投资2600万日元，计划建造大、中、小型军舰分别为五、八、七艘，加上鱼雷艇总计32艘。

1886年，为加快发展海军的步伐，明治政府发行海军公债1700万日元，并对八年造舰计划进行调整，开始实行"三年造舰计划"，准备建造一等铁甲舰以下计54艘各种舰船。到1887年建成了3艘二等海防舰，至此，日本已拥有船舰达22艘。1888年，西乡从道提出《第二期军备扩张案》，其中包括建造46艘军舰的五年计划。1889年，山县有朋组阁，再增海军军费107.8万日元，准

---

[1]　内田丈一郎：《海军辞典》第1页，日本东京弘道馆，昭和十八年（1943）版。

备建造巡洋舰、炮舰各一艘。1890年，日本天皇下谕，拨内帑30万日元作为造舰军费。1891年，又提出"五年造舰计划"，拨款5855万日元。1892年，日本从英国购买了当时世界上最快的巡洋舰"吉野"号。

日本"吉野"号巡洋舰

1893年，天皇再次下谕节省内廷经费以为造舰之用。在六年内，每年拨造舰经费30万日元。同时，命令全体文武官员，如无特殊情况，一律捐纳薪俸的1/10作为造舰费用。由于日本政府的苦心经营，到1894年（清光绪二十年，日本明治二十七年）甲午战争爆发前，日本已拥有大小军舰31艘（另一说28艘），总排水量59898吨，成为一支有相当规模的近代海军，其总排水量在当时的世界海军中排第十一位。日本平时的海军编制是全国划分5个海军区。（横须贺、吴、佐世保、舞鹤、室兰），每一个海军区设一海军镇守府（第四、五海军区尚无镇守府）。另设有"常备舰队"，以"松岛"号为旗舰，统辖"高千穗"、"千代田"、"高雄"、"大和"、"筑紫"、"赤城"、"武藏"等军舰。直到战争爆发前夕的1894年7月，才将常备舰队、西海舰队（由警备舰队改组）和其他舰只改编成适应战时体制的"联合舰队"。

日本海军舰船表 [①]

舰名	舰种	舰质	排水量（吨）	马力（匹）	速率（浬）	火炮（门）	鱼雷发射管	舰员（人）	下水日期（年）
松岛	海防	钢	4278	5400	17.5	31	4	355	1890
桥立	海防	钢	4278	5400	17.5	32	4	355	1891
岩岛	海防	钢	4278	5400	17.5	32	4	355	1889

---

① 本表参照孙克复、关捷：《甲午中日海战史》第47页。

续表

舰名	舰种	舰质	排水量（吨）	马力（匹）	速率（浬）	火炮（门）	鱼雷发射管	舰员（人）	下水日期（年）
扶桑	装甲巡洋	铁	3777	3650	13	17	2	345	1878
吉野	巡洋	钢	4267	15968	23	34	5	385	1892
浪速	巡洋	钢	3709	7604	19	24	4	352	1885
高千穗	巡洋	钢	3709	7604	18	24	4	352	1885
秋津洲	巡洋	钢	3150	8516	19	22	4	314	1892
千代田	巡洋	钢	2439	5678	19	27	3	306	1890
高雄	巡洋	铁	1778	1622	15	5	2	226	1888
筑紫	巡洋	钢	1379	2433	17	7		177	1880
金刚	巡洋	铁骨木皮	2284	2535	13.7	9	2	321	1877
比睿	巡洋	铁骨木皮	2284	2515	13.2	15	2	321	1877
筑波	巡洋	木	1978	526	8	13		251	1851
八重山	巡洋	钢	1690	5400	20	9	2	126	1889
凤翔	炮舰	木	321	217	7.5	5		96	/
天龙	巡洋	木	1547	1267	12	6		208	1883
葛城	巡洋	铁骨木皮	1500	1622	13	7		114	1885
大和	巡洋	铁骨木皮	1500	1622	13.5	7		229	1885
武藏	巡洋	铁骨木皮	1500	1622	13.5	7		230	1886
海门	巡洋	木	1375	1267	12	6		210	1882
天城	巡洋	木	926	720	11	7		159	1877
盘城	炮舰	木	708	659	10	4		122	1878
大岛	炮舰	钢	630	1217	13	4		130	1891
摩耶	炮舰	铁	622	963	12	2		105	1886
爱宕	炮舰	钢骨铁皮	622	963	12	2		105	1887

续表

舰名	舰种	舰质	排水量（吨）	马力（匹）	速率（浬）	火炮（门）	鱼雷发射管	舰员（人）	下水日期（年）
鸟海	炮舰	铁	622	963	10.25	2		89	1887
赤城	炮舰	钢	622	1963	10.25	10		126	1888

日本海军鱼雷艇表

艇名	排水量（吨）	马力（匹）	速率（浬）	火炮（门）	鱼雷发射管	下水日期（年）
小鹰	203	1217	19	2	4	1887
第1号	40	430	17	1	1	1880
第2号	40	430	17	1	1	1884
第3号	40	430	17	1	1	1884
第4号	40	430	17	1	1	1884
第5号	54	525	20	1	2	1890
第6号	54	525	20	1	2	1890
第7号	54	525	20	1	2	1891
第8号	54	525	20	1	2	1891
第9号	54	525	20	1	2	1891
第10号	54	525	20	1	2	1891
第11号	54	525	20	1	2	1891
第12号	54	525	20	1	2	1891
第13号	54	525	20	1	2	1892
第14号	54	525	20	1	2	1892
第15号	53	657	20	1	2	1892
第16号	54	525	20	1	2	1892
第17号	54	525	20	1	2	1893
第18号	54	525	20	1	2	1893

续表

艇名	排水量（吨）	马力（匹）	速率（浬）	火炮（门）	鱼雷发射管	下水日期（年）
第19号	54	525	20	1	2	1892
第20号	53	657	20	1	2	1892
第21号	80	1150	21	2	3	1894
第22号	85	990	19	2	3	1892
第23号	85	990	20	1	3	1893

三、清军的人员素质

　　清军中的八旗兵、绿营兵早已腐朽不堪。19世纪70年代左右，全国绿营兵有60多万人，至1887年（光绪十三年）减至46万余人。但士兵平时居家，空额很多。每当阅操时，则"雇市上游手乞儿以充数"[1]。长期在中国海关服务的美国人马士（1855～1933）曾这样评价清军："全军的士兵根本都是花名册上的把戏，只不过为了检阅的目的，临时招募一部分为当天之用的新兵，穿上华丽的号衣充数"[2]。19世纪50年代勇营（湘军与淮军）制度的兴起，曾一度改善了军队素质，但"勇营"的私兵制特色严重影响其成为一支为保卫国家而战的国防军。也让清廷担心它尾大不掉。第二次鸦片战争（1856～1860）后，清政府举办"练军"，开始用湘、淮军营制改造"绿营"兵。后来各省陆续办"练军"以提高兵员素质。表面看，"练军"规则甚严，实际也有不少弊病。比如有的被挑选者并不报到，"于练营左近，雇人顶替应点应操，少分练军所加之饷给与受雇冒名之人。一遇有事调使远征，受雇者又不肯行，则又转雇乞丐穷民代往，兵止一名，人已三变"[3]。事实证明，"练军"代替不了勇营。于是，

[1]　刘锦藻：《清朝续文献通考》卷二〇二，兵一。
[2]　《中华帝国对外关系史》中文版第1卷，第25页。
[3]　《清朝续文献通考》卷二一七。

清政府不得不保留部分勇营驻防各地，称为"防军"。但"防军"的素质仍然很差，比如北塘防军是直属北洋的淮军主力，但如李鸿章自己所说："添募之兵大率游手羸弱，不能施放枪炮，且额亦不充，自总兵吴育仁及营官初发祥外，鲜有知兵能教战之人"①。

清军长期以来实行"世兵制"和"募兵制"，士兵几乎目不识丁，很难掌握近代作战的技术和战术。而且他们系受雇而来，缺乏使命感和爱国心，作战积极性不高，一临战阵，容易溃散。军官则大多出身行伍，文化水平低，未经正规培训，近代军事知识十分贫乏。尤其是高级指挥官，虽然战场表现勇怯不一，而共同的弱点是囿于国内战争旧法，不懂近代军事科学。战争期间参与后勤事务的袁世凯就指出："今之征调诸将亦诚不乏凤望，惟或优养既久，气血委惰；或年近衰老，利欲熏心；或习气太重，分心钻营。即或有二三自爱者，又每师心自用，仍欲以'剿击发捻'旧法御强敌，故得力者不可数睹耳！"② 在这些将领指挥下，进攻时采取集团冲锋，一拥而上，往往在敌人密集火力下损失惨重；防守时则只注意正面防御，忽视侧翼。即使正面防御，也无纵深火力配备。反击海城时，清军集中数倍于敌的兵力，五次反攻作战，均无成效，指挥不当是重要原因之一。又如平壤守卫战，清军株守孤城，不布远势，一旦后路受到威胁，便全线溃退。平壤守军总统叶志超毫无斗志，随时准备弃城逃走。一旦战局不利，就不顾一切，仓皇北窜，狂奔500里直到鸭绿江边。再如鸭绿江防之战，清军防御没有纵深，又没有预备队，一处被击破，全线迅速溃败。

高级将领指挥无能是导致战场失败的直接原因。有些高级将领即使忠勇有余，也往往智谋不足。作为辽东战场的副帅、四川提督宋庆年已75岁，作战时奋勇向前，表现出色，但不能适时调整战略战术，终未能有所成就。而更多的高级将领则是庸懦畏敌、贪生怕死之徒，如旅顺守军计有33营12700余人，被临时推为总指挥的姜桂题竟是一位"庸材，无能为"的军官③。正如一位西方

---

① 《李鸿章全集·电稿二》，第1049页。
② 中国近代史资料丛刊《中日战争》第五册，第219页。
③ 姚锡光：《东方兵事纪略》。

帮办北洋军务、四川提督宋庆

北洋海军右翼总兵、
定远舰管带刘步蟾

史学家所说："中国的指挥官在基本战略战术和使用武器方面，显示出可悲地无知"①。军官素质低下的原因除缺乏近代军事教育的培训外，与年龄结构老化也是有关的。在清军将领中，普遍年龄偏大，有人就辽宁、山海关战线的将帅及重要幕僚55人的年龄做过统计，其中60岁以上的有23人，约占统计人数的40%，50岁以下的只有3人，仅占5%左右②。这样一支老化的高级军官队伍怎么能指挥好一场近代战争！

比较而言，北洋海军的素质相对要高于陆军。由于海军是技术性很强的近代军种，不具备一定的近代海军知识、没有受过专门训练的军官是很难操作、驾驭的。固此，北洋海军的军官普遍都受过良好的近代军事教育，主要将领如刘步蟾、林泰曾、林永升、叶祖珪、方伯谦、萨镇水、黄建勋等不但毕业于福州船政学堂，而且都曾到英国留学深造。其他像"致远"大副陈金揆、"济远"帮带大副沈寿昌也曾留学美国；"超勇"管带黄建勋还曾赴美国，在军舰上实习；"威远"管带林颖启曾赴西班牙学习；"致远"管带邓世昌虽未曾出国留学，却是福州船政学堂的首届毕业生，并有多年担任各种类型军舰舰长的经验。海军提督丁汝昌出身陆军，是个例外，他"未涉海军门径，凡关操练及整顿事宜，悉委步蟾主持"③。以刘步蟾、林泰曾、邓世

---

①　拉·尔·鲍威尔：《1895～1912年中国军事力量的兴起》，中文版第29页。
②　杨立强：《中日甲午战争与清末军制变革》。
③　张侠等：《清末海军史料》上，第349页。

昌为代表的一批海军将领甲午战争爆发时不过40多岁，正当壮年，无论是人生阅历还是军旅经验都已相当成熟，他们在甲午海战中的表现大部分人都是可圈可点的。

四、日军的人员素质

1872年12月28日，日本颁布《征兵告谕》，征兵打破士、民界限，强调"报国之道本应无别"。翌年一月十日，又本此精神颁布《征兵令》，规定年满20岁之国民，只要符合应征条件，均应服兵役。这种义务兵役制与义务教育相结合就保证了兵员具有了基本的教育水准（到1894年时，日本男童就学率已达77.1%）。1883年12月，又修改征兵令，规定全国男子年满17岁以上，40岁以下均须服兵役。兵役分常备、后备、国民兵三种。服役年限为现役三年，预备役四年。服完常备兵役后，还要服后备兵役五年。这种兵役制度相对保证了兵员征召的连续性和战斗力。同时，日本在培养军官上也不遗余力。早在1868年（明治元年）夏，就在东京设立了陆军学校，1873年，在大阪设"兵学寮"（即士官学校），其宗旨是培养步、骑、炮、工兵之士官。同年，又建陆军军官学校。后又在东京、仙台、名古屋、大阪、广岛、熊本等地建立陆军幼年学校。并按兵种分别成立各类学校。1883年，还建立了第一所陆军大学校，培养高级军事人才。

为培养海军骨干，明治政府在吴港、广岛、横须贺等海军基地设立海军兵学校、海军驾驶学校、海军造船工业学校、海军炮术练习所、海军水雷术练习所等军事学校。1887年，又在东京成立了海军大学校，以培养高级海军军官。两年后，颁布《海兵团条例》，在各镇守府（甲午战前日本划分5个海军区，每区设一海军镇守府）设海兵团，负责卫戍士兵和水兵的教育训练及新兵征集。

日本的军事教育是有计划、成系统的，不仅在本国建立了培训的完整体制，使各军种、兵种的预备干部培养能有层次、分级别地开展（如高级军官、军官、军士、士兵的培训），而且还有计划地派遣有培养前途的青年军官赴欧、美留

日本参谋本部次长川上操六

学深造，或派高级军官赴欧洲考察。比如参谋本部次长川上操六中将（1848～1899），就曾于1886年赴德国进修，战时则任大本营首席参谋兼兵站总监。甲午战争中几位方面军的统帅中，第一军司令官陆军大将山县有朋（甲午战前曾一度任内阁总理大臣）、第二军司令官大山岩大将（曾任参谋本部次长、陆军大臣）、继任第一军司令官野津道贯中将（曾任第五师团长）都曾赴欧洲考察军事；第一军第三师团长桂太郎中将，1870年曾赴德国学习军事，后又曾赴欧考察。甲午战时第四师团长（后又任近卫师团长）北白川能久亲王，1874年曾赴欧洲留学；第一旅团长（属第二军）乃木希典少将曾于1886年赴德国学习；第三旅团长（属第二军）山口素臣少将曾于1887年赴美、德考察军事。海军方面，联合舰队第一游击队司令官坪井航三少将1871年曾赴美国学习海军；"浪速"号舰长东乡平八郎大佐1871年曾赴英国留学（东乡在日俄战争时任联合舰队司令官）。这些受过近代西式军事教育或亲自考察过近代先进军事理论的将领们，在指导战争方面发挥了重要作用。反观参战的中国陆军高级将领中竟没有一人进过新式军事学校，可见清军战略战术上的频频失误决不是偶然的。

　　为了培养军队的战斗力，明治政府还特别重视军队的精神教育。1878年（明治十一年）8月，时任陆军卿的山县有朋制订了《军人训诫》，提出维持军人精神的三个根本，即"忠实、勇敢、服从"[1]。所谓"忠实"就是效忠天皇，"勇敢"即指要勇于为天皇卖命，"服从"就是做天皇的驯服工具。同时，山县有朋还特别强调要培养军队的"忠节、礼义、武勇、信义、质素"等精神。无疑，这些要求对培养日本军队的武士道精神起了重要作用。

---

① 　桑木崇明：《陆军五十年史》第108页。

第六章

和战不定
与处心积虑
——中、日备战之比较

一、清廷战略判断失误

　　甲午战前，日本频频向中国挑衅，其侵略中国台湾、朝鲜乃至中国大陆的战略意图早已有所暴露。明治维新开始不久，1870年8月，日本派外务权大丞柳原前光（大丞为外务省次官，"权"为代理之意）、外务权少丞藤原义质赴中国，要求建立正式外交关系，并缔结通商条约。目的在于试探中国虚实，为侵略图谋探路，并希望在华享受与西方列强同样的特权。对此，清政府的交涉原则是：同意通商，拒绝签约。时任直隶总督的李鸿章不识柳原此行的真实意图，竟被他"迅速同心协力"抗衡西方列强的诱饵所迷惑，认为日本是可以引为己援的对象，他致函总理衙门说："日本距苏、浙仅三日程，精通中华文字，其兵甲较东岛各国差强，正可联为外援，勿使西人倚为外府。"① 遂建议与之订约，并获总理衙门同意。

1. 清政府"联日制西"幻想的破灭

1871年7月，日本派全权大臣、大藏卿伊达宗城及副使柳原前光到天津，与李鸿章谈判，要求按"西人成例，一体订约"②，并索取最惠国待遇，被清廷拒绝。最后双方签订了《修好条约》和《通商章程：海关税则》，日本并没有达到目的。同年11月，在台湾南部发生了琉球"飘民"被杀事件，1873年，日本外务卿副岛种臣借来中国换约之机，试探清廷对此事的态度，并积极准备侵台战争。1874年5月，日本陆海军3000余人在台南琅峤登陆。清政府获此消息后，即派沈葆桢为钦差大臣率军舰赴台加强防务。面对中方的坚决抵御，日本自忖力量不及，双方遂于1874年10月31日签订中日《北京专条》。清政府被迫承认日军侵台是"保民义举"，并允付"抚恤金"50万两白银，同时也变相承认了日本对琉球的占领。

日军侵台事件使清政府"联日制西"的幻想破灭，军机大臣文祥认为"目前所难缓者，惟防日本为尤亟"③。主持军事、外交的李鸿章也开始认识到日本"伺我虚实，诚为中国永远大患"④。李鸿章还致函总理衙门，指出"日本觊觎朝鲜历有年所"，倘若进犯朝鲜，"则为辽东根本之忧"⑤。陕甘总督左宗棠也认为，"岛族（指日本——引者注）性情贪诈傲狠，不可深信"⑥。日本入侵台湾，为中国海防再次敲起警钟，但当时新疆大片领土失陷，清政府不得

---

① 《李鸿章全集》信函二，第99页。
② 《筹办夷务始末》同治朝卷八二。
③ 《筹办夷务始末》同治朝卷五五。
④ 《李鸿章全集》奏议六，第170页。
⑤ 《李鸿章全集》信函二，第542页。
⑥ 《左宗棠全集》书信二，第454页。

不确立"海防、塞防并重"的战略方针，对日本则采取"息事宁人之计"（李鸿章语）。

1879年，日本悍然正式吞并琉球王国。面对日本明目张胆的扩张行为，清廷驻日公使何如璋建议应以强硬态度回击。他认为琉球迫近台湾，"是为台湾计，今日争之患犹纾，今日弃之患更深也"[1]。但李鸿章仍主张妥协、退让，以为"琉球地处偏隅，尚属可有可无"，并批评何如璋的建议是"小题大作，转涉张皇"[2]。清政府的妥协、退让政策不但断送了琉球，也暴露了自己的虚

驻日公使何如璋

弱、无能，正如一位外国人所评论的："琉球事件真正决定了中国的命运，它向世界宣布：富饶的满清帝国愿意任人宰割，而不愿用武力抵抗"[3]。不过日本吞并琉球的现实，毕竟大大刺激了清政府，总理衙门大臣奕䜣等认为日本居心叵测，若任其发展"将来必有逞志朝鲜之一日"[4]。1880年12月，内阁学士梅启照上《条陈》说，日本"国小而民贫，其君日事武事。揆诸远交近攻议，防东洋尤甚于防西洋也"。李鸿章也说："日本狡焉思逞，更甚于西洋诸国。今日之所以谋创水师不遗余力者，大半为制驭日本起见。"[5]但李鸿章却错误估计了日本对外扩张的决心和速度，他判断说："日本地狭财匮，近虽倔强东海之中，其力量亦断不能多购真铁甲也！"[6]清政府在如何遏制日本侵略的问题上，拿不出什么好办法，能提出的也不过是所谓"牵制政策"，即利用西方列强来制约日本，使其"不致无所忌惮"，说白了不过是清廷惯用的"以夷

① 《李鸿章全集》信函四，第308页。
② 《李鸿章全集》信函四，第321页。
③ A. Michie：The Englishman in China. P255。
④ 《清光绪朝中日交涉史料》卷一。
⑤ 《李鸿章全集》奏议九，第261页。
⑥ 《李鸿章全集》奏议九，第262页。

制夷"的老套路罢了！

1882年7月，朝鲜发生了反日倾向的"壬午兵变"，日本乘机出兵朝鲜，逼迫朝鲜政府签订《济物浦条约》，规定了道歉、惩凶、赔款等条款，又允许日军驻扎汉城使馆，开放釜山、仁川、元山三个通商口岸。这一事件在中国引起了强烈反响，清廷中的一部分官员主张强硬反制，甚至不惜用兵。"清流派"干将邓承修、张佩纶等断言中国比日本既富且强，小小日本不堪一击，因而提出应"示将东渡"，或趁机东征。李鸿章则不以为然，认为跨海远征难操胜券，不如扩充海军，以图自强。

1884年12月，日本驻朝公使竹添进一郎利用朝鲜的亲日派发动政变。但亲日政变不得人心，遭到数万汉城民众的声讨，朝鲜军队联合清军平息了叛乱，竹添自焚使馆，狼狈逃回日本。事变发生后，清廷派吴大澂入朝查处，并谕令他"日下办法，以查办乱民，保护韩王，安日人之心。剖析中倭误会，以释衅端为第一要义"[①]。1885年2月，日本又派宫内卿伊藤博文、农商务卿西乡从道来华谈判。清政府则由李鸿章为谈判代表。李鸿章秉承"以释衅端为第一要义"的精神，不辨是非，不分责任，尽量牵就对方，最后于4月18日签订了《天津会议专条》，明确规定："将来朝鲜国若有变乱重大事件，中、日两国或一国要派兵，应先互相行文知照，及其事定，仍即撤回，不再留防"[②]。这就让日本取得了出兵朝鲜的合法权利，也成为10年后甲午战争爆发的导火线。清政府对日本一心息事宁人，处处牵就，只把日本当成"远患"，而没有意识到，日本正有步骤地推行其侵略政策，步步进逼，早已成为"近忧"了！

2. 日本频频挑衅，清政府被动应对

19世纪七八十年代，日本对外扩张的野心逐渐暴露，频频入侵我国台湾以及琉球、朝鲜，其狼子野心已是"司马昭之心——路人皆知"。清政府对此也并非全无警惕，但它总体上采取被动、守势战略，处处忍让、退缩，不敢针锋

---

① 《光绪朝中日交涉史料》卷五。
② 王铁崖编：《中外旧约汇编》第一册，第465页。

相对，力挫凶锋，从而更助长了日本军国主义的侵略野心。终于使中国在甲午战争中处处被动，一败涂地。

当然，为防范日本，清政府也采取了一些措施，比如建设北洋海军，以增强军力。1886年（光绪十二年），光绪帝生父醇亲王奕譞巡阅北洋海防水陆操练，并奏称为拱卫亲畿，应加强北洋海军实力，以便自成一队。1888年（光绪十四年），北洋海军正式成军，拥有一支包括铁甲舰、巡洋舰、炮

1886年醇亲王奕譞视察北洋海防

舰、运输舰、练习舰在内的大小军舰25艘，另有鱼雷艇13艘，总排水量达4万余吨，在东亚地区堪称一支实力雄厚的舰队。对此，清政府沾沾自喜，"小富则安"。1891年5月23日，李鸿章从大沽口乘轮船出发，开始校阅北洋海军。先后到达旅顺、大连、威海、胶州、烟台等地。除校阅海军外，还视察各地炮台、船坞，鱼雷、水雷学堂以及各口守军情况。6月9日，回到天津，历时18天，周历海道3000余里。校阅结束后，李鸿章在给朝廷的报告中不无洋洋自得之意："综核海军战备，尚能日异月新。目前限于饷力，未能扩充，但就渤海门户而论，已有深固不摇之势"[1]。又是"日异月新"，又是"深固不摇"，其心满意足之态跃然纸上。而对于日本近乎疯狂的扩军备战竟视而不见，毫无形势逼人之感！

1894年5月，甲午战争爆发在即，清政府仍不以为意。当此战云密布之际，李鸿章与定安（海军衙门另一位帮办大臣）奉命进行第二次海军校阅，并邀请英、法、俄、日等国官员参观。在奏报校阅情形时，李鸿章提到"即日本蕞尔小邦，犹能节省经费，岁添臣舰。中国自十四年北洋海军开办以后，迄今未添一船，仅能就现有大小二十余艘，勤加训练，窃虑后难为继"，表示了一定

---

[1] 《李鸿章全集》奏议十四，第95页。

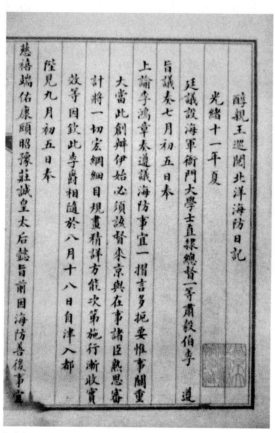

《醇亲王巡阅北洋海防日记》

的担忧。但随即又信心满满地说："此后京师东面临海，北至辽、沈，南至青、齐，二千余里间，一气联络，形势完固。"①完全出乎李鸿章意料的是，仅仅过了几个月，他所夸耀、赞美的舰队、炮台、要塞都在敌人的炮火下损伤惨重。赫德的机要秘书英国人濮兰德在他的著作《李鸿章传》中对这次海军大校阅曾这样评论道：

> 李鸿章每三年校阅一次海防，其最后一次，带着胜利进军的神气。他的毕业事业摆开在一切人面前，让大家欣赏：他的要塞和学校，铁路和船坞，船和炮，都粉饰油漆得焕然一新。礼炮齐鸣，龙旗招展，向他的来和去致敬。……这是李鸿章的威望的极盛时，但是乌云已经渐渐地集到天空要使他的声望和阳光永远掩盖起来了。回想到他成功地展览了他的出品，在欢呼与感激声中回来的时候，人们不能不奇怪，这位老年人是自欺到何种程度，竟然自满于这虚幻的伟大工程。②

就在李鸿章"带着胜利进军的神气"展示他的海防"杰作"时，朝鲜半岛海面的隆隆炮声却把他那踌躇满志的虚幻工程戳了一个大窟窿。这两幅画面相隔时间仅仅只有一个半月（李鸿章于6月9日完成检阅回到天津，而7月25日即爆发了中日丰岛海战）。当然，有盲目乐观情绪的人决非李鸿章一个。1894年7月27日，即战争爆发两天后，熟悉中国情况的英国人赫德（时任总税务司）就说过："现在中国除了千分之一的极少数人以外，其余九百九十九人都相信大中国可以打垮小日本"③。清政府和李鸿章为他们的战略判断失误付出了极其惨痛的代价。

---

① 《李鸿章全集》奏议十五，第335页。
② J. O. P. Bland, Li Hung Chang. P227～228。
③ 《中国海关与中日战争》，第50页。

二、日本处心积虑，以求一逞

日本对外扩张的"大陆政策"由来已久，最早可以追溯到丰臣秀吉（1536～1598）时代。丰臣秀吉在初步统一日本后，曾企图首先占领朝鲜，然后征服中国、印度，并定都于中国北京。丰臣秀吉生前曾于1592年（明万历二十年）、1597年（万历二十五年）发动了两次侵朝战争、第一次出动陆军19万，水师9000人；第二次又出动军队14万人，但两次均未得逞。丰臣秀吉死后，继续执政的德川家康（1542～1616）依然野心勃勃，企图建立以日本为中心的国际秩序。1616年（明万历三十八年），日本以"幕府执政"的名义给明朝福建总督写了一封信，开头就说，日本国王已统一全国，"其德化所及，朝鲜入贡，环球称臣"[①]。其觊觎朝鲜，称霸世界的野心昭然若揭。

1. 日本将对外扩张的国策付诸行动

德川幕府末期，日本社会上所谓"海外雄飞论"、"攘夷论"纷纷出笼。其代表人物有林子平（1738～1793）、佐藤信渊（1769～1830）、会泽正志斋（1782～1863）、吉田松荫（1830～1859）等。林子平著有《三国通览图说》，"三国"指朝鲜、琉球和虾夷（北海道）。林子平声称他著此书就是要让"日本勇士率领雄兵入此三国时"能"谙察情势，随机应变"[②]；佐藤信渊则鼓吹日本是"世界万国之本"，妄称"世界可为郡县，万国之君长可为臣仆"，并赤裸裸地叫嚣"当今，于世界万国之中，皇国易为攻取之地，莫如支那国满洲"。同时，他还主张南进，要"攻取吕宋（菲律宾）、巴剌卧亚（或译巴达维亚，今印度尼西亚雅加达）"，"并以此二国为图南之基，进而出舶经营爪哇、渤泥（今印度尼西亚加里曼丹）以南诸岛"[③]。会泽正志斋则于1825年著有《新论》一书，鼓吹日本是"大地之元首"，负有"皇化"万国的使命，"今画一定之策，

① 《林罗山全集》十二，转引自信夫清三郎：《日本外交史》日文版第9页。
② 《林子平全集》第2卷。
③ 转引自大烟笃四郎：《大陆政策论的历史考察》，载《国际法外交杂志》第68卷。

144

立不拔之基，必当内自中国，外及百蛮。上原于太初，下要于无穷。遵神圣之彝训，绍东照之大烈，贻谋子孙，继继承承，千万世如一日，必拯四海万国于涂炭"①。在他的心目中日本就是全球的"救世主"。《新论》也成了攘夷运动的经典。稍晚一点的吉田松阴更是幕末维新派的代表人物，高杉晋作、木户孝允、伊藤博文、山县有朋、井上馨等都是他的门生。吉田主张在"开垦虾夷、封建诸侯"之后，要"趁势夺取堪察加，告谕琉球，使之会同朝觐一如内地诸侯。且令朝鲜纳人质，进朝贡，有如古盛之时。割北满之地，收南台、吕宋诸岛，以示渐进之势"。甚至要占领整个中国，并"君临印度"，"使神功未遂者得遂，丰国（指丰臣秀吉——引者注）未果者得果"②。

日本"明治维新"后，其领导者承继了前辈对外扩张的基因，并逐步将侵略邻国的"遗愿"变成国策，付诸实践。明治初年，日本政府宣布要"开拓万里波涛，布国威于四方"③。这是日本近代"大陆政策"形成的雏型阶段。其间，"征韩论"的提出最具代表性。1870年8月，日本外务权大丞柳原前光在《朝鲜论稿》中详细阐述了占领朝鲜的"必要性"："皇国乃是沧海之一大孤岛，此后纵令拥有相应之兵备，而保周围环海之地于万世始终，与各国并立，皇张国威，乃最大难事。然朝鲜国为北连满洲，西接鞑清之地，使之绥服，实为保全皇国之基础，将来经略进取万国之本。若使他国先鞭，则国事于此休矣"④。1875年，日本终于在朝鲜出手（其间曾于1874年入侵中国台湾，小试牛刀），派遣军舰3艘，制造了"江华岛事件"，并于翌年迫使朝鲜政府签订《江华条约》，在朝鲜取得了开放港口，租借土地，测量水域以及领事裁判等权利，同时否认中朝之间的"宗藩关系"。1882年8月，日本又借口朝鲜发生"壬午兵变"，派军舰4艘、陆军一大队赴朝。通过签订"济物浦条约"取得许多特权，特别是在朝驻兵权，为后来挑起侵略战争获得了一个立足点。"壬午兵变"后，

① 井野边茂雄：《幕末史研究》第511页。
② 渡边儿治郎：《日本战时外交史话》第7、8页，千仓书房，1937年版。
③ 《日本外交文书》第一卷第一册，第557页。
④ 《日本外交文书》第三卷，第149页。

北洋舰队旗舰"定远"号铁甲舰

"镇远"号铁甲舰

日本代理陆军卿山县有朋提出了一个"意见书"，明确宣示："欧洲各国与我相互隔离，痛痒之感并不急迫"，"日本的假想敌人'在直接的近处'"①。鼓吹针对中国扩充军备。右大臣岩仓具视也针对朝鲜兵变时军舰不足进行指摘。于是，海军当局把每年建造3艘军舰的计划翻倍增为6艘。从1882年起，日本开始积极准备对华战争。

1884年12月，日本利用朝鲜开化党人导演了"甲申政变"，并借机迫使朝鲜政府签订《汉城条约》，规定了朝鲜谢罪、赔款11万元以及惩凶、重修日本兵营等条款。随后，日本派宫内卿伊藤博文等来华与李鸿章会谈，签订《中日天津条约》，规定："将来朝鲜国若有变乱重大事件，中日两国或一国要派兵，应先互行文知照，及其事定，仍即撤回，不再留防。"日本因此得到向朝鲜派兵的合法权利，也成为10年后甲午战争爆发的导火线。此后，日本对华备战进一步加速。1885年，日本陆军从德国特聘梅克尔少校指导陆军改制，并制订、整顿了旅团条例，设置了与战列队同等数量的后备军，使战时可动员的兵力增加了两倍半。在海军方面，则决定建造以击沉北洋海军巨舰"定远"、"镇远"为目标的"三景舰"（即"松岛"、"桥立"、"岩岛"三舰）。

1885年10月，中国在德国定造的铁甲舰"定远"、"镇远"号建成抵达天津。两舰排水量均为7335吨，实马力6000匹，时速14.5浬（26.854千米），中段铁堡甲厚14吋，炮台甲厚12吋，各配12吋（30.5厘米）主炮4门，6吋炮2门，3吋炮4门。负责监造的中国驻德参赞徐建寅评价说：这两艘战舰"可列于当今遍地球第一等铁甲船"②。这两艘铁甲舰从订购到建成耗时五年，这让日本有足够时间谋求对策。1885年8月26日，日本海军卿川村纯义向太政大臣三条实美提出，用高薪聘请法国造舰师白劳易（1840～1924）为海军省顾问、海军工厂总监督官，交给他的任务就是建造专门克制"定远"、"镇远"的新型战舰。白劳易在日本工作了四年（1886～1890年），共设计了6艘军舰，其中为专门对付"定远"、"镇远"的有3艘装甲巡洋舰，即"岩岛"、"松岛"、

① 转引自藤村道生：《日清战争》中文版第13页。
② 徐建寅：《欧游杂录》。

日联合舰队旗舰"松岛"号

日"岩岛舰"

日"桥立舰"

"桥立",因以风景名胜地命名,故称为"三景舰"。这3艘军舰的排水量均为4278吨,实马力5400匹,时速16.5浬(设计时速17.5浬)。其主炮为压倒"定远"、"镇远",口径竟达12.6吋(32厘米),威力可谓惊人。但日本人太急功近利了,有的技术问题并未解决就仓促上阵,结果因主炮过重而使舰身重量不均,因而降低了速度,也影响了军舰的适航性能,特别是造成了火炮发射率低下的缺陷,其主炮甚至一小时才能发射一次,这就是疯狂追求造舰速度的结果!所谓的"三景舰",其中"岩岛"号于1891年9月建成,"松岛"号于1892年4月建成(以上两艘均在法国建造)。而由本国横须贺造船所建造的"桥立"号直至甲午战前一个月(即1894年6月26日)才建成。"松岛"号服役后,成为日本联合舰队的旗舰。

2. "长崎事件"成为日本扩充海军新的推动力

正当日本大力发展海军之际,一个意外事件发生了。这一事件让日本扩充海军的行动得到了新推力,这就是在当时造成了很大影响的"长崎事件"。

1886年(清光绪十二年)8月,北洋水师统领丁汝昌奉北洋大臣李鸿章之命,率铁甲舰"定远"号、"镇远"号,练习舰"威远"号驶往日本长崎,进行检修(当时旅顺船厂、船坞尚未竣工,定期检修只能去香港或日本)。"定远"、"镇远"两艘铁甲舰第一次在长崎亮相,引起日本朝野巨大震动,前来参观的日本军政要员络绎不绝。码头上人头攒动,挤满了看热闹的人群,面对7000多吨的巨舰和12吋口径的大炮,观众咋舌不已。威风八面的铁甲巨舰让长崎市民既惊叹、羡慕,又嫉妒、愤懑。这种复杂的心态,在长期宣扬军国主义思想的催化下,终于酿成了血腥的惨剧。

1886年8月13日,北洋海军官兵上岸购物,因琐事与日本警察发生斗殴,造成一日警重伤,一中国水兵轻伤。关于斗殴的起因,各方报道不一。中方《申报》发自长崎的消息说,中国水兵上岸购物,遇见一名日警,毫无理由地命令他们停止,中国水兵认为被侮辱,因之斗殴遂起;日本英文报纸《长崎快报》则说,"有一群带有醉意的水兵前往长崎一家妓馆寻乐,因而发生纠纷。"英国记者发自日本的报道也不一致：有的说是水兵买西瓜，因语言不通致起纠纷；有的说是水兵与妓馆的人在街上争吵，警察干涉而起冲突。虽然众说纷纭，但有一点是可以肯定的，即：这起冲突纯系偶发，情节简单，属一般性纠纷。双方如有诚意，处理起来并无难度。

岂料两天后，冲突再起。15日晚，200余名北洋水师官兵获准放假登岸，在广马场外租界及华侨居住区附近突遭日本警察及市民袭击，混战3小时，双方死伤竟达80人之多。据丁汝昌报告，北洋水师官兵死5人，重伤6人，轻伤38人，失踪5人，总计伤亡54人（又据英国外交部档案，中国官兵死8人，伤50人，共死伤58人）；而日本方面仅死亡警察一人，另有29人受伤，中方伤亡数字比日方高出一倍。对第二次冲突，日方是有预谋并做了充分准备的，带有挑衅性质。冲突开始后，日方聚众千余人执械堵塞街巷两头，见到中国水兵就砍，且沿街从楼上泼洒滚烫的开水，并抛掷石块。北洋水师官兵因不许携带武器登岸，故皆徒手。另有材料披露，第一次冲突后，日方即派渔船监视中国军舰，并增添警力（警员增至310人）。又煽动市民参加械斗。15日当天，日方还命商店提早打烊，且关闭夜市。如此严密布置，其险恶用心不言而喻！

长崎事件发生后，中、日双方反复交涉，半年后，至1887年2月4日才达成最后协议，将此事件定性为"因语言不通，彼此误会"，规定对死伤人员"各给抚恤"。至于是否捕凶惩办，则由各自政府决定，互不干涉。

"长崎事件"虽起细微，却具有深刻的社会根源。对北洋水师而言，固然有一个严整军纪的问题，但从日方来说，却是它多年推行对外扩张，并以中国为"假想敌"方针的产物。长崎警方的蓄谋寻衅和当地市民的积极参与恰恰是这种反华情绪的表露和宣泄。此种反华情绪的始作俑者，正是积极推行对外侵略政策的日本军国主义势力。

"长崎事件"后，日本政界、军方和舆论界无不认为这是宣扬扩军备战的天赐良机。他们抓住这一事件大做文章，颠倒黑白，不断渲染中国铁甲舰的威胁，进而鼓吹增加军费，加强海军，修筑炮台。此种宣传颇具效果。

"长崎事件"发生6年后，已正式成军的北洋舰队再次访问日本。1892年7

月，北洋海军提督丁汝昌率铁甲舰"定远"号、"镇远"号驶抵离东京不远的横滨。日本外相榎本武扬在东京举行游园会招待北洋舰队将领，丁汝昌亦在旗舰"定远"号上举行答谢宴会，为日本官员再一次提供了零距离接触中国海军主力战舰的机会。参加招待会的日本法制局长官尾崎三良后来回忆说："同行观舰者数人在回京火车途中谈论，谓中国毕竟已成大国，竟已装备如此优势的舰队，定将雄飞东洋海面。反观我国，仅有三四艘三四千吨级之巡洋舰，无法与彼相比。皆卷舌而惊恐不安"①。这次北洋海军访问横滨，为日本的备战狂潮再添了一把火，1893年，日本政府仅用之于购买外国武器、弹药、火药以及舰艇的费用就达110万日元。1894年，又激增至421万日元。1893年，日本天皇睦仁再次决定在今后6年内，每年拨款30万日元皇室经费用之于建造军舰。国会议员们也主动献出薪俸的四分之一资助海军建设，可谓为发展海军殚精竭力！终使日本海军在甲午战争爆发时拥有军舰28艘，水雷艇24艘，总吨位达到59106吨，超过了北洋舰队。

三、清廷和战不定，备战松懈

战争爆发在即，清廷在战与和的根本方针上却仍在争论不休，莫衷一是。1894年4月，朝鲜爆发东学党起义，国王李熙向清朝求援，清廷决定"遣兵代剿"。日本借机挑起战争，先派兵800人直趋汉城，随后，大批日军赴朝，至6月13日止，已有8000人在仁川登陆。清政府轻信日本"俟贼（指东学党——引者注）全平再撤"的谎言，做出日本"不敢遽谋吞韩"的错误判断。当时身膺军事、外交重寄的李鸿章认为"日性浮动，若我再添兵厚集，适启其狡逞之谋。因疑必战，殊非伐谋上计"，又说"倭廷欲以重兵胁议韩善后，并非与我国战"②。其应对措施只寄希望于列强调停。6月20日，李鸿章电告总理衙门，通报已分别向英国公使欧格纳、俄国公使喀西尼提请劝告日本撤兵。

① 转引自信夫清三郎：《日本政治史》，中文版第3卷，第258页。
② 《李鸿章全集·电稿二》第706页、第709页。

6月25日，清廷电旨李鸿章，告以"口舌争辩已属无济于事"，7月1日再告李鸿章"现在倭焰愈炽"，"将有决裂之势"，要求他"预为筹备，勿稍大意"。当时的"清议"也多主战。7月2日，光绪帝密谕南洋各海口及台湾"豫为筹备"。但李鸿章仍幻想列强干涉，他会见英国驻天津领事，竟异想天开地乞求英国派舰队赴日施压。7月14日，光绪帝虽下旨"速筹战备"，但仍对和平解决抱一线希望。7月15日，光绪帝派翁同龢、李鸿藻与军机大臣、总理衙门大臣会商朝鲜事。会商结果于18日上奏，即："不明言与倭失和，稍留余地，以观动静"，"我既预备战事，如倭人果有悔祸之意，情愿就商，但使无碍大局，仍可予以转圜"[①]。清廷决策者对日本发动战争的意图和决心浑然不知，在战争一触即发之际，竟仍希望局势能够"转圜"。大臣会议的最后意见是："一面进兵，一面协商"，李鸿章在皇帝的严旨下，只得派大军入朝，对战事做出一些布置，但为时已晚。

1. 对日本的战略布局盲然无知

清政府及主持大局的李鸿章对日本的战略意图、谋篇布局并没有摸准。其情报搜集既不系统，又不细致，情报来源主要靠驻朝总理交涉通商事宜袁世凯和驻日公使汪凤藻。袁世凯作为清政府的代表驻朝前后达九年（1885～1894），但他在朝鲜"一味铺张苛刻，视朝鲜为奴，并视日本为蚁，怨毒已深，冥然罔觉"[②]。他对日本有所防范，但又持轻蔑之态。1887年，日本制订征讨中国策，1890年完成军备改革，袁世凯均懵然不觉，甚至做出"日人方亟亟自谋，断不至败坏和局"[③]的错误判断。1893年春，袁世凯几次向李鸿章报告，一再声称："然揣倭时势，决不敢与华生衅，特知华志传和局，故为跳梁，冀售诡谋。倘华持定见，不稍假借，倭自必改图"[④]。这种妄自尊大、麻痹轻敌的思想主要

---

① 《翁文恭公日记》第33册。
② 张凤纶：《涧于集》，书牍六。
③ 转引自林明德：《袁世凯与朝鲜》第100页。
④ 沈祖寿辑：《养寿园电稿》，"津院去电"第63页。

清办理朝鲜交涉通商事务的袁世凯

在不明日本国情所致。1894年春，日本已完成战争准备，只待时机到来。李鸿章也得悉日有出兵赴朝之意，遂急令袁世凯调查。4月8日，袁世凯复电说："详审在韩日人情形及近日韩、日往来各节，并日国形势，应不至遽有兵端，调兵来韩说或未必确"①。此时，朝鲜全罗道古阜郡已爆发东学道农民起义，5月31日，占领全罗道首府全州。朝鲜政府向清廷请求派兵"助剿"。6月1日，日驻朝使馆派人面见袁世凯，怂恿道："贵政府何不速代韩裁"，又说"我政府必无他意"，诱使清廷出兵。翌日，日本内阁正式决定出兵朝鲜。6月5日，成立战时大本营，随即命驻朝公使大鸟圭介率海军陆战队400人回任。时局至此，袁世凯还报告说："大鸟不喜多事……自无动兵意"②。直到6月9日，大鸟率军抵仁川后，袁世凯才感到形势不妙，于18日急电李鸿章要求增兵，但为时已晚，一个多月后，战争爆发。

按常理，一国的驻外使馆是代表本国政府与驻在国进行沟通、加强联系、表达意图、了解驻在国动态的重要外交机构。但清廷驻日使馆远没有承担起自己的任务，驻日公使汪凤藻虽提供了一些信息，开展一些外交活动，但未能对日本准备开战的计划做出准确判断。我们可以从汪凤藻于1894年6月份发回的四份电文中，了解到他对时局的看法。

　　　6月5日（阴历五月初二），汪电："闻倭议派兵赴韩，曾否钧处商洽，祈示。"③

　　　6月13日（五月初十），汪电："遵电面询伊藤，据称'韩乱亟，道远接应难，故派兵稍多，然军需止十艘'云。经力阻，始允俟乱定，彼此撤兵。随后当与钧处妥商办法。"④

　　　6月16日（五月十三），汪电："倭派兵增至五千余，意叵测。"

①　沈祖寿辑：《养寿园电稿》，"津院去电"第109页。
②　《清光绪朝中日交涉史料》卷十三。
③　《李鸿章全集》电报四，第47页。
④　《李鸿章全集》电报四，第64页。

6月17日（五月十四），汪电："倭志在留兵，协议善后。经与力争，伊藤始允如约。然大拂众意，昨外务陆奥斥为徇私，意图翻议，复经折辩，乃定。仍诣必探确贼尽平为度。……察倭颇以我急欲撤兵为怯，横谋愈逞，其布置若备大敌。似宜厚集兵力，隐伐其谋，俟余孽尽平，再与商撤，可复就范。"①

　　汪凤藻关于日本"意叵测"，"其布置若备大敌"，"似宜厚集兵力"的判断和建议无疑是正确的，但他还没有意识到战争已迫在眉睫，只认为日本"志在留兵，胁议善后"而已。同时，汪凤藻对伊藤博文"允如约"的表态深信不疑，这在一定程度上也误导了李鸿章和清政府。

　　清廷不仅误判了战争一触即发的形势，也未能及时制订全盘战略方针和具体作战计划。在朝鲜战场，先以少量部队援牙山绝地，后又齐集平壤，以图固守。但平壤守军军无统帅，战无布置，指挥失灵，不布远势，不防侧后，结果一点失守，全线溃退。进入本土作战后，则提出了"严防渤海以固京畿之藩篱，力保沈阳以固东省之根本"的作战方针。确定渤海、沈阳两个"防御中心"，必将分散兵力，旅顺、烟台驻军先后北调，"严防渤海"成了一句空话，旅顺、威海迅速失陷，北洋舰队最后覆灭，都与这一战略指导有关。这一防御型战略方针反映在海军运用上，则是所谓"保船制敌"。海军作战指导方针的理论核心是制海权的问题。李鸿章作为甲午战争清军的实际最高指挥者，对夺取制海权的重要意义及海军作战机动性的特点都缺乏认识。大东沟海战后，北洋舰队自动放弃了黄海的制海权。当日军登陆辽东半岛时，清廷指示李鸿章命丁汝昌率舰队"前往游弋截击，阻其后路"②。北洋海军却蛰泊旅顺，毫无动作。金州失守，旅顺告急，李鸿章竟于11月10日向清廷表示，北洋海军已不堪出海作战，应"回威海，与炮台依护为妥"③。11月22日，

① 《李鸿章全集》电报四，第64页。
② 《李鸿章全集》电稿三，第132页。
③ 中国近代史资料丛刊《中日战争》第3册，第197～198页。

旅顺失守，李鸿章又电令丁汝昌："有警时，丁提督应率船出，傍台炮线内合击，不得出大洋浪战，致有损失"[①]。不但不积极争夺黄海制海权，反而消极避战，困守威海，坐以待毙，终于导致北洋海军全军覆没的悲剧。

2. 国民国防意识薄弱，军队不知为何而战

清廷备战上的另一严重缺陷，是国民缺乏近代国防意识，军队没有精神动员，不知为何而战。甲午战前，中国官绅、军民的国民意识几乎没有萌生，不懂得民族国家的概念，国与家很少有实质性的伦理关联，也就无法结成真正的命运共同体。这也决定了传统的中国存在着一种政治性、体制性的涣散，即人们经常说的"一盘散沙"。正由于国家、民族观念的薄弱，使甲午战争时期的中国民众对这场战争反应冷淡，甚至漠然视之。清政府不仅不动员民众起来抗击侵略者，反而进行阻挠和破坏。战争爆发后，曾有人提出要在天津兴办团练以御敌，却遭到李鸿章的斥责。甲午战后，一位日本官员曾到了长江中游的港口城市——湖北沙市（即《马关条约》开放的通商口岸之一），他吃惊地发现，这里的官员和民众竟根本不知道刚刚打过的这场战争。他们还完全沉醉于自己的天地里。

民国名将冯玉祥

作为战争舞台上的主角——清朝军队，其官兵们仅仅把当兵看成谋生手段。社会上也普遍看不起当兵吃粮的人，"好铁不打钉，好汉不当兵"的谚语就是明证。无论是清军官兵还是他们的家属都缺少"保家卫国"的概念，头脑中几乎鲜有民族存亡的大义。

1895年，民国名将冯玉祥（1882～1948）曾随父亲参与整修大沽炮台，守御要塞。当时他父亲冯有茂在直隶练军当兵，年仅13岁

---

① 《李鸿章全集》电稿三，第219页。

的冯玉祥也在军队里补了名"恩饷"，列入士兵名册。后来，冯玉祥在自传中描述了在甲午战争时，他从保定开赴大沽口御敌的情景：

> 军队走出保定府城外半里路的光景，忽然看见当地的男女老幼——同营官兵的父母、兄弟、妻子们——手连着手站在路旁，一直排了三四里路，哭天叫地地送行。我亲眼看见一个老太太，拉着她儿子的手，泪流满面，呜咽不已，死也不让她的儿子成行。这样的情形，触眼皆是。从早晨直到正午，奇哭怪嚷，声震云霄，只是不肯罢休。在不明底蕴的人看了，一定会以为是谁家大出殡，所以惊动这么些人来哭送。决想不到这是保定府五营练军开往大沽口警备，去抵御敌人，为民族争生存，为国家争光耀。原来他们只想着大沽口就是死地，就是陷人坑，如今去了，一定不能复回的。所谓国家观念，民族意识，在他们是淡薄到等于没有的。[1]

直隶练军，在当时堪称清军的精锐，装备相当精良，一律使用洋枪、洋炮。到90年代前后，还装备了新式毛瑟枪和克虏伯大炮，其武器性能远胜过日军的青铜炮和村田式单发枪（日军只有少量部队装备了村田式连发枪）。但是这样的军心，这样的国民意识，武器再优良又有什么用！

四、日本精心准备，措施得力

1. 全力筹措军费，扩充军力

打仗是离不开大量金钱的，日本备战的基础，首先是筹措军费，扩充军力。为给扩军备战提供财政保障，明治政府不断增加军事预算。从70年代末到80年代初的12年中，公开列入预算的军费数额增加了233.8%，每年军费支出占预

---

[1] 冯玉祥：《我的生活》第22页。

1878年～1889年日本陆海军经费、直接军备费 ①

年度	金额（单位：千元）	占预算总额的比率
1878	10087	16.5%
1879	11896	19.7%
1880	12022	19.0%
1881	11874	16.6%
1882	12830	17.4%
1883	16302	20.1%
1884	17634	23.0%
1885	15623	25.5%
1886	20737	24.5%
1887	22452	28.2%
1888	22787	28.0%
1889	23583	29.6%

算总额的比例由16.5%提高到29.6%，具体数字见上方表格。

　　进入90年代，随着战争步伐的加快，日本的军费支出更是急剧增长。1890年，军费已占到国家预算的30%。1892年军费开支达3450万元，占当年国家预算的41%强。战争正式开始后，日本政府又于1894年8月15日发布第143、144号敕令，征集军事公债，总额为5000万日元，分50年偿还，年利5%。全国各地迅速掀起了轰轰烈烈的募集运动。第一次募集数额预计为3000万日元，结果大大超出，达到9027万日元，为预计额的三倍以上。

　　为准备侵略朝鲜和中国的战争，日本从19世纪80年代后制订了10年扩军计划（1885～1894）。到1893年，陆军扩军计划提前实现，现役兵员已有12.3万

---

① 见井上清：《日本的军国主义》第1册第188页（商务版）。

人（其中步兵7万人），加上预备役总兵力可达23万人，配有野战炮294门；海军方面，针对北洋舰队，1883年开始执行造舰计划拟造舰至少48艘。1886年5月，动工兴建吴、佐世保两个军港，又制定扩充海军计划，拟造铁甲舰8艘。为筹措经费，1887年，明治天皇发布敕令，除发行1700万日元的海军公债外，又拨内帑30万日元作为造舰费。此外，还在半年内筹措到海防捐款203万日元。

为确保兵源，提高军队战斗力，明治政府还颁布了《征发令》、《战时宪兵服务概则》、《军队内务书》、《新步兵操典》等军事法规。并在首都东京九段建造"靖国神社"，祭祀战争死亡者之灵魂。又于1890年创设"金鵄勋章"，以鼓舞军人士气。为增强海军作战的机动性，于1893年5月设立海军军令部，与参谋本部并列，同时设立"出师准备物质经办委员会"，以统一协调作战时的后勤供给。同年，还公布了《战时大本营条例》，1894年6月5日，正式组成作战大本营，在天皇亲自主持下，其主要机构及成员如下。

　　　侍从武官（侍从武官长：冈泽精陆军少将）

　　　军事内务局（局长：冈泽精兼）

　　　幕僚长（参谋总长：有栖川炽仁亲王，陆军大将）

　　　陆军参谋（参谋次长：川上操六陆军中将）

　　　海军参谋（海军军令部长：中牟田仓之助海军中将，1894年7月
　　　　　　　　17日由桦山资纪海军中将接任）

　　　兵站总监部（总监：川上操六兼）

　　　运输通信部（长官：寺内正毅步兵大佐）

　　　野战监督部（长官：野田豁道）

　　　野战卫生部（长官：石黑忠悳）

　　　管理部（部长：村田惇炮兵少佐）

　　　陆军部（陆军大臣：大山岩陆军大将）

　　　海军部（海军大臣：西乡从道海军大将）

2. 制定周密作战计划

日本的精心备战，还反映在它为发动侵略战争制定了周密、细致的作战计划。

日本对外扩张的战略方针，就是它一直鼓吹的"大陆政策"。1889年12月24日，山县有朋内阁成立，一年后，山县首相在"帝国议会"上发表施政方针，他指出："盖国家独立自卫之道有二：一为守卫主权线；二为保护利益线。主权线者，国之疆域之谓，利益线者，乃与主权线之安危有密切联系之区域是也。大凡国家，不保主权线及利益线，则无以为国。而今介于列国之间，欲维持一国之独立，只守卫主权线，已决非充分，必亦保护利益线不可"①。在山县有朋看来，日本"利益线的焦点"是朝鲜，因而极力主张应撤散中朝之间的"宗藩关系"，并在英、俄争斗的漩涡中控制住朝鲜。同时，日本外务相青木周藏也提出了《东亚列国之权衡》的意见书，交阁僚传阅。强调吞并朝鲜、满洲（中国东北地区）和俄国滨海地区（勒拿河以东）的必要性。山县和青木的"意见书"，是日本颁布宪法后第一届内阁的施政方针，它标志着所谓"大陆政策"的公开出笼。

在日本政府看来，要达到"守卫主权线"，"保护利益线"的目的，就必须以军事手段为主，把"充实兵备"作为"最大的紧急任务"②。山县强调：如果别的国家进入了日本的"利益线"，就必须以强力"排除之"。总之，"守卫主权线，保护利益线"就是日本对外作战的根本战略。

在甲午战争爆发前，日本制订了对华作战的详细方案，其战略目标为"旭日军旗入北京城"。为实现这一战略目标，日本战时大本营制定了一个周密、完整、海陆协同的作战计划，"大体分两期拟订，其第一期，无论海战结果如何，规定其应实施之事项即派遣第五师团至韩国陆海军守备要地及准备出征，并使舰队前进；第二期，即应待海战结果而行之者，分甲、乙、丙三时

① 大山梓：《山县有朋意见书》第203页。
② 《山县有朋意见书》第185页。

机：甲，已获得制海权时，即使陆军向直隶湾（指渤海湾——引者注）头前进，交火决战；乙，海战结果虽不能制渤海湾，然已使敌不能制我近海时，即使陆军向韩国前进，以防备之；丙，已全失制海权时，由国内防备之"[①]。日本统帅部战略决策的关键是能否掌握黄海、渤海的制海权，并为此设想了三种可能出现的局面，可见日本统帅部对战局发展设想之精细。

美国海权理论家马汉

甲午战争中，从双方统帅部的战略决策看，优劣区分的关键点就在于对海权思想的不同认识。19世纪末，美国海洋理论学家马汉提出了"制海权决定一个国家国运兴衰"的思想。马汉关于制海权问题的论述，引起了日本的密切关注，并即时将其代表作《海权对历史的影响，1660～1783》（1890年出版）列为军事学校、海军学校的教科书，海军军官人手一册。而在中国，直到清朝覆亡17年后（1928年）才出现比较全面介绍这一思想的论著——《海上权力论》（林子贞著），这离甲午战争已过去30多年了。

3. 重视情报的搜集与利用

中、日双方战前准备的巨大差距，还表现在对情报工作的重视程度及情报搜集与利用的效果上。

中国古代著名的军事家孙武曾说过："知己知彼，百战不殆"。尽可能搜集敌人各方面的情报，并正确认识自己，做好应对准备，是取得战争胜利必不可少的先决条件。日本对情报的搜集是极其重视的，从1872年起就开始了针对中国的间谍活动。当时，日本政府在"征韩"问题上争论不决。其内阁代理大藏卿西乡隆盛遂在征得外务卿副岛种臣、参议坂垣退助同意后，于当年9月派部

---

① 誉田甚八：《日清战史讲授录》中文版，第7～8页。

下池上四郎、武市正干、彭城中平到中国东北地区搜集情报。这三人以参观、贸易调查为借口，从上海乘船经烟台至营口，并往奉天（今沈阳）活动。他们对奉天地区的气候、地形、政治状况、军备、产业、交通、风俗习惯以及俄国人的活动都进行了详细调查。回国后，在"复命报告"中做出如下判断："满洲的常备军积弊日久"，"士兵怯懦"，"常备军几乎是徒具虚名"，"经过几年，支那肯定土崩瓦解"，"这是解决韩国问题的最好机会"[①]。

1873年，时任海军少佐的桦山资纪（甲午战争时任海军中将，旋晋升大将）和陆军少佐福岛九成分别对台湾进行侦察。其驻福州领事福田也潜入台湾实地勘测，绘成一幅精细的台湾地图，供翌年日军侵台之用。80年代，日本驻华武官小泽豁郎、曾根俊虎又分别到福州、上海活动。小泽还与先期抵闽的山口五郎在福州开设一家照相馆，作为间谍活动据点。

1886年，日本参谋本部派陆军中尉荒尾精化装成平民进入上海，并在日商岸田吟香帮助下抵汉口，开设乐善堂分店（以经营百货为掩护），成为在中国大陆的第一个日本间谍机关。该机关负责调查中国各省的人物、会道门及各省的人口、地形、风俗、贫富、运输、制造、粮薪、兵制等。以后这个情报网

日本间谍荒尾精

逐渐扩大，先后成立了湖南（山内嵓负责）、四川（高桥谦负责）、北京（宗方小太郎负责）三个支部。为了便于活动，他们在装束、语言、发式、生活习惯等方面都尽量模仿中国人。其行踪遍及中国各省，甚至远涉云贵、新疆、西藏等边远地区。如石川伍一、松田满雄等都曾到过西藏。北京支部负责人宗方小太郎于1884年潜入上海，学汉语、蓄发辫，着旗装，一副中国人派头。他又到华北和奉天，用了三年时间，搜集了大量情报。

---

① 《东亚先觉志士记传》上卷，第38～40页。

为了培养、发展情报人员，荒尾精还从总理大臣山县有朋、大藏大臣松方正义处得到4万日元的补贴，于1890年9月20日在上海英租界正式成立了名为"日清贸易研究所"的谍报培训机构，从日本国内招收200多名学员，由荒尾精任所长。1893年6月，第一届学员89人毕业。当时，以考察之名在中国刺探虚实的日参谋次长川上操六也参加了毕业典礼。这批毕业学员中，一些人成了著名的间谍，上海也成了日本间谍活动的一个重要基地。

在日本间谍中，有些人是披着外交官的合法外衣猖狂进行情报搜集的。天津是北洋大臣的驻地，也是清廷军事、外交活动的中心，因此日本驻华公使馆武官陆军少佐神尾光臣、海军少佐井上敏夫就常驻天津领事馆，领导各项情报收集活动。井上敏夫曾三次进入旅顺口、大连和威海卫等军事要地。1893年5月，井上还曾与助手石川伍一购置帆船一艘，雇佣中国船夫从山东烟台出发，经旅顺，沿辽东半岛东海岸直达鸭绿江口，再沿朝鲜西海岸抵大同江口。6月，改乘日本船返回烟台。8月，神尾、井上、石川再次搭乘日本军舰进入旅顺口、和尚岛、威海卫等海军要地，搜集了有关北洋舰队的大量情报。另外，日本天津驻在员海军大尉泷川具和经常化装成中国商人、苦力，混迹于天津城内和塘沽码头，重点侦察北洋海军。1893年，泷川乘小帆船从塘沽出发，沿渤海海岸北上，探寻适合大兵团登陆的地点。最后选定了北戴河以南的洋河口。1894年4月，即开战前三个月，泷川具和还协同日海军军令部第二局局长（海军最高谍报机关负责人）岛崎大佐，由天津出发，经陆路到山海关一带调查沿途地势，以备登陆作战之用。

日本间谍大量潜入中国，几乎无孔不入。他们疯狂活动，窃取政治、经济、文化、军事、历史、地理、社会生活等各方面的情报，特别是对各地驻军、防御设施、地理形势可谓一清二楚，了如指掌。战争中，清军曾缴获日军一份材料，其中对中国"驻兵多寡、有无、处所分列甚悉"[①]。有人甚至说，日本"比中国人自己更清楚地知道，每一省可以抽调多少人出来作战"[②]。日本军方绘

①　姚锡光：《东方兵事纪略·山东篇》。
②　I. B. Bishop：Korea and Her Neighbours. Nol. P211。

制的朝鲜、中国东北地区和渤海湾沿岸的军用地形图极其详细。有人曾见过日军进攻山东时所用的地图，上面"疃（村）路、炮台、营房、山、河、沟、井、树，样样都有，画得清清楚楚"[①]。有位欧洲人波纳尔曾获得一份日本军事地图，他由此得出结论："这份地图本身就是日本久已蓄意侵略中国的证据，它驳斥了日本当时是被迫作战的说法。相反地，那是一次有意图的、精心策划的侵略行动"[②]。

日本间谍提供的情报对日军作战，特别是对机动性很强的海军作战发挥了重要作用。

1875年7月25日，日本海军在朝鲜丰岛海面偷袭北洋海军护航军舰，不宣而战。开战前一周（即7月16日），北洋海军"济远"、"威远"二舰从上海运武器、粮食抵烟台。7月20日，日谍宗方小太郎竟登上"济远"舰"观察装载之兵器"，并获悉两舰将"向朝鲜出发"[③]，遂于当天用密电报告了东京。7月22日晨，北洋海军提督丁汝昌命"济远"、"广乙"、"威远"三舰由威海出发，护送"爱仁"、"飞鲸"等运兵船至牙山，并到大同江口游弋。当天，日本大本营便收到了中国运兵计划的情报。8月11日，北洋舰队悉数从威海出口，13日返回。14日，北洋军舰8艘再度巡航旅顺、大沽。这些行踪，宗方小太郎在日记中都有详细记载。可见，北洋舰队的一举一动都在日本大本营的严密监控之下。海战尚未爆发，中国海军已处于下风。

4. 鼓吹"正义之战"

日本的备战还包括对内广泛动员国民，对外掌控舆论，积极争夺话语权。

为动员国内民众支持侵略战争，日本政府不遗余力大造舆论，鼓吹对中国的战争是"文明"与"野蛮"之争。《时事新报》上发表了一篇题为《应表国民一致之实》的社论（撰稿人为福泽谕吉），强调"这场战争，乃开国来的一

---

① 《谢言允口述》。
② T. Dennett, Roosevelt and Russo-Japanese War. P148。
③ 《宗方小太郎日记》。

大事件"，号召"身为日本国民，应无官民朝野之别，必须同心同力，服务于国事"①。财界要人也纷纷出动，支持战争。他们叫嚣全国"4000万同胞齐心协力，竭尽忠君爱国之诚"②。1894年6月3日，《东京经济杂志》发表社论说："我等朝鲜政策，实为保护我人民商业不得已之手段"，"眼下唯有一战，别无出路"，"现在日、中两国交战时机已到，实在大快人心"。7月30日，日本实业界巨头和社会名流一起，成立所谓"报国会"的组织，向全国发出"作为日本国民应分担起捐赠募集军资的义务"的呼吁。福泽谕吉作为发起人的代表，起草了"提议书"，号召"献金报国"，并率先捐款一万元。8月1日，"报国会"召开募捐军费商讨会，有近60名实业家与会。8月15日，日本政府发表征集军事公债的敕令，"报国会"积极配合，将活动由"献金"转向"购买公债"。日本财阀还采取其他方式支持战争，如号称"煤炭大王"的安川敬一郎，为防止煤炭这一战略物资流入中国，单方面撕毁了与外商签订的一笔大合同；日本"水产会"用出售罐头的收入，"慰劳"军人；大阪青年报公义会向开往前线的日军捐赠一万条毛巾（上面绣有"凯旋"二字），10万把牙刷；大阪市军火商秋山仪四郎把为英国订造的5600支步枪全部"捐献"给政府；神户贸易俱乐部表示将无条件地为战争服务（以上资料均见日本《中外商业新报》、《大阪朝日新闻》报道）。

从1894年6月开始，日本各地普遍开始了捐钱献物"捐献运动"。在舆论的推波助澜下，这一运动迅速从上层社会波及到下层民众，甚至连一般民众5日元、10日元的小额捐款也被报刊报道（1891年，一名日本巡警的月薪为8日元），这就把整个日本的"参战热"鼓动起来了！《时事》1894年9月16日的社评说："人们恰如醉了一样，全国各地连贫民都把身上仅有的一点钱也想贡献出来。一天只有20钱的劳动者们也捐献10钱，竟连给小孩压岁的几个铜板也用布包好后贡献出来"。这种全民动员式的战争狂热宣传，打着"爱国"旗号，鼓吹发动的是用"文明"针对"野蛮"的战争，完全掩盖了日本军国主义者

---

① 《时事新报》1894年8月16日。
② 《涩泽荣一传记资料》第28卷，第440页。

发动战争的侵略性质。野蛮而狡诈的侵略者通过颠倒黑白，混淆是非的卑劣手段，把整个日本民族绑上了迅速开动的战车。

对于在军国主义煽动下，日本民众在甲午战争中掀起的战争狂热，一位日本随军记者龟井兹明（1861～1896）作为亲历者曾留下了大量的照片和文字记载。1894年9月下旬，龟井兹明随日第二军第一师团从广岛出发，登陆中国辽东半岛，从军过程中，他写下了几十万字的日记。下面摘录几段有关日本民众对此次战争的反映。

9月25日

当载满士兵的火车从新宿出发时，"送行的人如墙，挥动帽子高呼万岁"。当军用列车抵达"目黑村"时，"在此村的旷野点起了火红的篝火，挂起灯笼，村民蚁集，小学生整队高呼'万岁'。在函根山北站，竖有许多旗帜，红十字社员以及其他人群一起高呼'万岁'，自然流露出一片爱国的热情，期望发扬帝国威武的同仇敌忾之心。"

9月26日

出征日军抵沼津站，"市民云集前来送行，到铃川站，学生列队高呼'万岁'"；到达静站，"车站高悬国旗，在站前广场施放烟火，竖起一面'大日本帝国军人万岁'9个大字的旗帜。市内到处挂满国旗，各家门口都挂着灯笼"；到滨松站时，"市民高举'欢迎皇军'的大字标语，恭谨地举行欢送仪式。村校的小学生们来了许多人送行，高举的旗帜上写着'天皇万岁'，'帝国万岁'，'军人万岁'等"。"市民门前挂着鼓舞出征军人的圆灯笼，大街上扎起绿色的牌楼。为了激发军人的报国之心，这种用心良苦、周到的做法，实在令人赞叹不已。午后一点到丰桥站，这里同样在晴空施放焰火，人民都穿着节日盛装，殷勤地欢送。老幼皆拍手高呼'皇军万岁'。"

军车抵大垣站，"时已黄昏，且阴云布满天空，下起了暴雨。人们不怕雨淋，聚集在站外高呼祝贺。一古稀老翁挥手高呼：'等待捷报传来！'军人们掉下了眼泪。呜呼！报国家无穷之恩正在此时，感激之情忘乎所以。"①

日本政府在民众中极力煽动一种近乎疯狂的"爱国"热情，把一场赤裸裸的侵略战争美化成"正义之剑"，其在日本民众中产生的影响是不可低估的！

5. 在国际上发动舆论战

在国内鼓动战争狂热的同时，日本政府还在全世界发动舆论战猛攻中国。与清政府漠视和放任舆论宣传相反，日本政府却主动控制和利用传媒工具，反复传播战争谎言，并在法律层面运用国际法知识美化自己，抹黑中国，从而深深影响着甲午战争的走向。

甲午战争期间，日本有66家报社派出随军记者共计1114人。其中《朝日新闻》、《中央新闻》记者人数最多。不仅如此，日本还极力拉拢国外媒体，战争爆发后仅一个月，不少西方记者就获准随军采访。从日本本土随日军出发的西方记者就有114名，另有11名现场速描记者和4名摄影记者。为博得国际舆论的好评，日军故意做出姿态，让西方记者"目睹"为被俘的清军伤兵"提供医疗服务"，并予释放的场面。威海之战后，日本海军又把自杀殉国的北洋海军提督丁汝昌的灵柩"以礼送回"，从而获得英国著名法学家胡兰德的称赞。反之，清政府不仅不允许中外记者随军采访，甚至有两名西方记者因误入清军防线而被砍了头。

为了让国际舆论作出有利于自己的报道，日本驻外使馆不惜用金钱收买的卑劣手段来达到目的。日驻英国公使青木周藏曾专门向外务省报告，要求提供"额外经费"，以便对《泰晤士报》行贿。据日本文献记载，英国中央通讯社发表一次有利于日本的新闻，日本付给酬金2000日元，若通过路透社发布有偿新闻，则每次支付606英镑。

---

① 龟井兹明：《血证——甲午战争亲历记》，第2～3页。

为分裂敌方阵营，日本在华间谍甚至采取挑动中国内部民族矛盾的办法，以打击清政府，削弱清军的战斗力。著名的日本间谍宗方小太郎就规划了在华情报战中的宣传基调："驱除鞑虏，恢复中华"（这是后来中国资产阶级政党"同盟会"纲领的一部分）。日军登陆辽东半岛后，在大连一带到处张贴题为《开诚忠告十八省豪杰》的告示，宣传中国已"沦陷"很久了，日军是来"解救"中国人的，即所谓"循天下之大势，唱义中原"。

6. 以"国际法"为幌子肆意歪曲事实

战争爆发后，日本还以"国际法"为幌子，肆意曲解其内容，标榜、美化自己，抹黑诋毁清军，给日本贴上"文明"的标签。1894年8月1日，日本天皇在对华宣战诏书中，就声称"日本将遵守国际法"，战争进行中，还发行《万国战时公法》等手册，发到军中。又配备了随军法律顾问，其目的不外乎宣扬自己是所谓"文明之师"。与此同时，日本还不忘竭力抹黑清军，其海军法律顾问高桥作卫就鼓噪道：清政府命令击沉所有日本船舶；中国杀害战争爆发后滞留的日本非战斗人员（实则为潜伏间谍）；日第二军随军法律顾问有贺长雄则说，中国是一个"文明未开化"的国家，清军虐待、虐杀甚至肢解日军伤病俘虏。但事实胜于雄辩，在战争中违犯国际法，践踏国际法的正是日本侵略者自己。

1894年7月25日，日本海军未经宣战突然在朝鲜丰岛海面袭击中国军舰，严重违反了国际法。1864年出版的《万国公约》曾明确规定："国家与国家间非先有明白的警告不得开始战斗行为，此项警告或以宣战之形式，或依一最后通牒而附条件的宣战"。而当时，中、日外交渠道畅通，两国并未进入战争状态，日本却置国际法于不顾，悍然袭击中国舰船。特别是日本战舰在丰岛海面击沉了清政府租借英国公司的商轮"高升号"，明显违反了《万国公约》中关于战时中立的规定。此事在英国受到舆论谴责，英国驻日公使也提出了严重抗议。而日本竟收买媒体和学者，公开为日本撰文辩护。同时与英国政府沟通，对事实进行剪裁，重新捏造证据，利用所谓"专威"专家的解读来扭转不利于己的舆论。在驻英公使青木周藏的运作下，英国《泰晤士报》于8月3日和6日分别发表了剑桥大学教授韦斯特来克、牛津大学教授胡兰德的文章，为日本野蛮行径辩护。文章颠倒黑白，认为日舰击沉"高升号"是合理的，责任不在日本。这两位英国著名国际法权威的袒护，改变了英国舆论的腔调。

1894年11月，日军攻占旅顺，对手无寸铁的无辜平民进行灭绝人性的血腥大屠杀。美国驻华使馆武官欧伯连是惨案的目击者之一，他在报告中说："我亲眼看见许多杀人的事情，这些被杀者……是根本没有武装的"[①]；另一位惨案目击者英国海员阿伦在他的回忆录《旅顺落难记》里如实描述了旅顺发生的屠城事件，他写道：

> 我立的地方极高，望那池塘约离我一丈五尺，只见那池塘岸边，充满了日本兵，赶着一群逃难人逼向池塘里去……那日本人远的用洋枪打，近的拿洋枪上的刀来刺。那水里断头的、腰斩的、穿胸的、破腹的，搅成一团。池塘里的水，搅得通红一片。只见日本兵在岸上欢笑狂喊，快活得了不得。似乎把残杀当做作乐的事"。"一路走来，无非是死尸垫地。经过一处，看见十来个日本兵，捉了许多逃难人，把那辫子打了一个总结，他便慢慢的把作枪靶子打。有时斩下一只手，有时割下一只耳，有时剁下一只脚，有时砍下一个头，好象惨杀一个，他便快活一分。我所见的无论男女老少，竟没有饶放过一个。[②]

以上文字并非文学描写，中华人民共和国成立后对旅顺大屠杀幸存者的实地调查，给予了充分印证。

曾目睹日军杀戮惨象的苏万君说：

> 甲午战争那年我九岁，亲眼看见日本兵把许多逃难的人抓起来，用绳子背着手绑着，逼到旅顺大医院前（今兆麟桥附近），砍杀后，

---

① 转引自丁名楠等：《帝国主义侵华史》第1卷，第354页。
② 阿伦：《旅顺落难记》，兰言译，见阿英编：《甲午中日战争文学集》第315～316页。

日军旅顺大屠杀现场图

把尸体推进水泡子里，水泡子变成一片血水。

旅顺大屠杀后，参加埋尸队的鲍绍武说：

> 光绪二十年十月二十四日午后，日本兵侵入市内，到处都是哭叫
> 和惊呼声。日本兵冲进屋内，见人就杀。当时我躲在天棚里，听见屋
> 里一片惨叫声，全家被杀了好几口人。我后来参加收集尸体时，看到
> 有的人坐在椅子上就被捅死了。更惨的是有一家炕上，母亲身旁围着
> 四、五个孩子，小的还在怀里吃奶就被捅死了。①

　日军在旅顺的暴行令人发指，就连曾为袭击"高升"号辩护的胡兰德博士
也不得不出来讲句公道话。他在《中日战争之国际公法》一书中曾说："彼等
除战胜之初日，从其翌日起四日间，残杀非战斗者妇女幼童矣！从军之欧洲军
人及特约通讯员，目击此残虐之状况，然无法制止，唯有旁观，不胜喷饭。此
时得免杀戮之华人，全市内仅三十有六人耳，然此三十有六之华人为供埋葬
其同胞之死尸而被救残留者，其帽子上粘有'此人不可杀戮'之标记而保护之
矣！"② 旅顺大屠杀的罹难者计两万余人，对此，美国报纸也公开予以谴责，
痛斥道："日本国为蒙文明皮肤，具野蛮筋骨之怪兽"！③

　旅顺大屠杀在国际上引起了轩然大波，日本政府一面收买媒体以减少报道，
一面无耻狡辩，通过外交渠道掩饰其罪行。日第二军随军法律顾问有贺长雄承
认在旅顺街上看到了2000具尸体，但又狡辩说其中只有500多具是非战斗人员，
并称在平民身上悬挂有"不杀此人"的标示（实际上是指36人之"埋尸队"）。
把一场血腥大屠杀轻描淡写地说成是"合法"战斗中发生的"附带损害"，真
是不知人间还有"羞耻"二字！

---

① 《旅顺博物馆调查材料》。
② 陆奥宗光：《蹇蹇录》，见中国近代史资料丛刊《中日战争》第7册，第161页。
③ 陆奥宗光：《蹇蹇录》，见中国近代史资料丛刊《中日战争》第7册，第161页。

第七章

"以夷制夷"
与纵横捭阖

——中、日对外交涉之比较

　　所谓外交（对外交涉）是指一个国家在国际关系方面的活动。外交的目的就是要实现国家的意图，也就是要保持国家的生存、安全和发展（对某些国家来说则是要对外侵略和扩张），而一个国家提出的外交理论和制订的外交战略、政策都是围绕着这个中心展开的。甲午战争时期，中、日双方在对外交涉方面也展开了激烈的博弈。

一、战前外交

1.围绕"宗藩关系"的较量

　　19世纪后半叶，东亚矛盾的焦点是朝鲜问题。

两江总督刘坤一（甲午战争时任钦差大臣、督办东征军务）

朝鲜国王李熙

朝鲜背负亚洲大陆，面向浩瀚无际的太平洋，地处中国、俄国和日本之间，具有重要的战略地位。故此，除日本外，英、俄、美、德、法等西方列强都觊觎着这个半岛。而中国则与之保持着悠久的"宗藩关系"，政治、经济和文化联系甚深。中、朝两国，风雨同舟，唇亡齿寒。1880年（光绪六年），两江总督刘坤一曾说："盖外藩者，屏翰之义也。如高丽、越南、缅甸等国，与我毗连，相为唇齿，所谓天下有道，守在四夷。而高丽附近陪都，尤为藩篱重寄。……为该国策安全，即为中国固封守"[1]。这段话颇为中肯地说出了当时中国与朝鲜间相互依存的特殊关系。

19世纪统治朝鲜的是李氏王朝。1864年，国王哲宗逝世，无子，旁支兴宣大院君李昰应之子李熙嗣位。李熙年幼，李昰应得以执掌权力，这位"大院君"严格执行闭关锁国的政策，除对清朝保持"奉朔朝贡"的宗藩关系外，竭力避免和其他国家交往，因此被称为"隐士之国"。但形势比人强，这个"隐士之国"终于不能"隐居"下去，而被迫卷入世界历史潮流的漩涡中。

从1839年起，法国传教士已零星潜入朝鲜传教，被朝鲜政府严厉禁止。第一批武装入侵朝鲜的是美国人帕雷顿，他集中了一支24人的小队伍，乘坐"舍门将军"号船于1866年7月闯入大同江，驶向平壤。沿途测量水位，侦察地形，

---

① 《清光绪朝中日交涉史料》卷一，第19页。

抢劫财物，强奸妇女，并炮轰朝鲜船只，杀害平民10余人。朝鲜军民奋起反抗，结果入侵者全部被歼。

同年10月，法国海军上将罗兹率7艘军舰和600名水兵，以保护传教为名，入侵朝鲜。结果作战失利，伤亡甚重，被迫撤退。

1868年，另一位美国人詹金斯与德、法合谋，在美国驻上海领事西华德支持下，租用一艘德国轮船潜入朝鲜，盗掘王室祖坟，结果被发现驱赶。对朝鲜抱有野心的还有俄国，为了谋得一个南进太平洋的立足点，它急切希望能在中国或朝鲜获得一个不冻港（海参崴一年有四个月的封冻期）。1869年，俄国炮舰出现在朝鲜海面，要求"通商"、"居留"，被拒绝。

1871年，美国驻华公使镂斐迪与海军司令罗吉斯奉政府之命率军舰5艘、士兵1000余人登陆江华岛，但遭朝鲜人"以必死的决心斗争"（镂斐迪语）而失败。随即，经过"明治维新"的日本赤膊上阵，入侵朝鲜，充当了列强打开朝鲜门户的急先锋。

日本对朝鲜垂涎已久。早在16世纪，丰臣秀吉就曾以武力入侵朝鲜。到19世纪，一些扩张主义思想家都妄图以朝鲜、中国作为第一批攫取的猎物。明治维新伊始，日本厘革内政，发展经济，整军经武，对外发动侵略，掀起一股"征韩论"的狂热。日本阁僚中，西乡隆盛、坂垣退助、江藤新平、副岛种臣都是"征韩论"的积极鼓吹者。后来虽在"内治派"的坚持下，"征韩"被暂时推迟，但日本对外扩张的步伐从来没有停止过。它于1874年入侵中国台湾，1875年，又派军舰"云扬号"驶入朝鲜汉江，击毁江华岛炮台，并于1876年2月，强迫朝鲜政府签订不平等的"江华条约"，获得釜山、元山、仁川三处通商口岸，以及在朝鲜港湾的停泊权和对朝鲜沿海的勘测权。还取得了在朝鲜的领事裁判权。不久，又胁迫朝鲜续订商约，使日本货物免税入口，日本纸币在朝流通，从而严重侵犯了朝鲜的主权和利益。

日本侵略朝鲜，时刻关注着中国的态度，它的最大顾虑是，清朝沿用"宗藩关系"的惯例援助朝鲜。因此《江华条约》的首款就是强调朝鲜的"自主"、"平等"，这当然不是真正尊重朝鲜"自主"，只是为了切斩朝鲜与中国的联系，

朝鲜大院君李昰应

阻止清出兵援朝，以实现其吞并朝鲜的野心而已！所谓"宗藩关系"，是指中国封建统治者与周边小国建立的一种国际关系模式，中国为"宗主国"，有保护小国安全的义务；藩属国则必须奉正朔（"正朔"指一年的第一天，古代改朝换代，要改定正朔。这里指年号、历法），受敕封，称臣纳贡。这种"宗藩关系"无疑是国与国之间的不平等关系，反映了封建大国对弱小国家的歧视与压迫。但进入近代，中国与周边藩属国同样面临着列强的入侵，彼此风雨同舟，患难与共。唇亡齿寒的形势把中国与周边小国聚集到一条共同的命运之船上。

在《江华条约》签订之前，日本驻华公使森有礼曾拜访总理衙门，探询中朝"宗藩"关系的实质内容。总理衙门复照说："查朝鲜为中国所属之邦，与中国所属之土有异……盖修其贡献，奉我正朔，朝鲜之于中国应尽之分也；纾其难，解其纷，期其安全，中国之于朝鲜自任之事也，此待属邦之实也。不肯强以所难，不忍漠视其急，不独今日中国如是，伊古以来，所以待属国皆如是也"①。又说："朝鲜虽曰属国，地因不隶中国，以故中国曾无干涉内政。其与外国外涉，亦听彼国自主，不可相强。"总理衙门的回复基本上是符合实情的，但也不无推脱责任之意。日本得此回复喜不自胜，森有礼当即照会清政府说："由是观之，朝鲜是一独立之国，而贵国谓之属国，徒空名耳！……因此，凡事起朝鲜、日本间者，于清国与日本国条约上无所联系"②。此后，日本一直本着否认中朝"宗藩关系"的态度，蔑视中国对朝鲜的"宗主国"义务。

西方列强为了方便入侵朝鲜，也打起了清政府的主意。他们纷纷利用中朝"宗藩"关系，威胁、引诱清政府向朝鲜施加影响。而清政府也试图采取"以

① 《清光绪朝中日交涉史料》卷一，第6页。
② 《清光绪朝中日交涉史料》卷二，附件一。

夷制夷"的老"药方"予以应对。清廷执政者幻想通过引进西方势力以制约日本吞噬朝鲜之心。1879年（光绪五年），总理衙门大臣丁日昌条陈海防事宜时首倡此说："朝鲜不得已而与日本立约（指"江华条约"——引者注），不如统与泰西各国立约。日本有吞噬朝鲜之心，泰西无灭绝人国之例，将来两国启衅，有约之国皆得起而议其非，日本不致无所忌惮。若泰西仍求与朝鲜通商，似可密劝勉从所请；并劝朝鲜派员分驻有约之国，聘问不绝"①。

清廷采纳了这一建议，并由北洋大臣李鸿章出面致函朝鲜太师李裕元，劝其与西方国家修约通商，信中说：

> 贵国既不得已而与日本立约通商，各国必从而生心，日本转若视为奇货。为今之计，似宜用以敌制敌之策，与泰西各国立约，藉以牵制日本……日本之所畏服者西人也。以朝鲜之力制日本，或虞其不足，以统一与西人通商制日本，则绰乎有余。泰西通例，向不得无故夺灭人国，盖各国互峙争雄，而公法行乎其间。……若贵国先与英、德、法、美交通，不但牵制日本，并可杜俄人之窥伺，而俄亦必遣使通好矣。诚及此时幡然改图，量为变通，不必别开口岸，但就日本通商之处，多莘数国商人，……定其关税，则饷项不无少裨，熟其商情，则军火不难办购，随时派员分往有约之国，通聘问，联情谊。平日既休戚相关，倘遇一国有侵占无礼之事，尽可约集有约各国公议其非，鸣鼓而攻，庶日本不致悍然无忌。贵国亦宜于交接远人之道，逐事讲求，务使刚柔得中，操纵悉协，则所以钳制日本之术，莫善于此，即所以备御俄人之策，亦莫先于此矣。②

这封书札把"以夷制夷"的理论发挥得淋漓尽致。诚然，弱国、小国对抗强国、大国侵略，自应利用列强之间的矛盾，以收牵制之功。但更重要的是自

---

① 转引自《甲午战争》第1册，第311页。
② 薛福成：《庸庵文外篇》卷三。

己必须具备一定的经济、军事实力和正确的政治方针。否则，一味依靠"以夷制夷"，不但不能利用矛盾，反而会成为列强矛盾斗争的牺牲品。

继日本之后，经清政府敦促，朝鲜于1882年（光绪八年）与美国签订条约。美国在朝鲜取得了领事裁判权和最惠国待遇。美国商人在朝通商口岸可以居住、盖房、贸易、工作，从朝鲜出口美国的商品征税不超过5%，美国还有权调处他国与朝鲜的纠纷。紧接着，经清廷介绍，朝鲜于1883年与英、德订约；1884年，与俄、意订约；1885年与法国订约。从此，朝鲜变成了日本和西方列强群起掠夺的目标和激烈冲突的场所。

围绕中朝"宗藩关系"，西方列强各有自己的"算盘"。英国自信对清政府有很大的影响力，因此竭力劝说它加强这一关系，以便通过影响中国去控制朝鲜。据1888年（光绪十四年）李鸿章透露："驻俄英使出示该外部抄文，欲请告知各国，韩地为俄垂涎，望中国锐意挞伐，收入版图，英国甚喜"[1]。竟挑唆清政府吞并朝鲜，以满足自己的私利。俄国当时在远东驻兵不多，且交通不便（西伯利亚铁路尚在筹议中），力量不足，因此在远东还不能强势出击。对中、日的态度是矛盾的，既防范，又拉拢。一方面，它害怕日本咄咄逼人的态势，想利用中国的"宗主国"地位，维持朝鲜现状；另一方面，又想拉拢日本，牵制中国，对抗英国。尽管俄国当时在远东的力量有限，但对朝鲜的野心却与日俱增。1888年，俄国政府高层会议作出如下的估计和决定："根据近数年来经验的证明，我国在这些地区的政治利益主要集中在朝鲜，它可能成为我国重要的战略据点"[2]。

日本对中朝"宗藩关系"的态度也不是一成不变的，而是随着形势的变化有所调整。1886年，俄国代理驻华公使拉德仁斯基与李鸿章多次谈判，拉拢清政府共同"保护"朝鲜，被清廷拒绝。俄国并不甘心，又重金收买由清政府派往朝鲜管理海关、协办外交的穆麟德（德国人）。穆麟德擅自与俄国签订密约，乞求"保护"。虽然朝鲜政府不予承认，但消息不胫而走。日本为防俄国抢先

① 《清光绪朝中日交涉史料》卷五九五，附件一。
② 张蓉初：《红档杂志有关中国交涉史料选译》，第130页。

并吞朝鲜，遂改变态度，起劲鼓动清政府充分行使"宗主权"。据李鸿章说："日本相臣伊藤博文向为韩事来津会议，每言朝鲜久为我藩属。嗣榎本公使并述伊藤之意，欲我管理朝鲜外交、内政"①。日本这一政策调整出尔反尔，变化无常，完全以自身侵略利益为转移。

美国的朝鲜政策则是扶植日本，火中取栗。日本外相井上馨将美国人德尼推荐给李鸿章任朝鲜外署协办，德尼则在东京向井上表示：他在朝鲜要实行"对日政府最有利的政策"。在行动上，美国也确实竭力扶植日本，抗衡英、俄，所以一家日本报纸于1887年发表评论，对美国感恩戴德："当我们想到，我们的成功和我们得以达到现在的值得骄傲的地位，都是由于美国，我们不能不对美国怀着特别深切的重视和尊敬。但是，美国人民使我们感觉可爱……在于他们对我们的待遇"②。

2. 所谓"共同改革朝鲜内政"

1894年初，朝鲜南部爆发了东学党（也名东学道）起义，以"除暴救民"、"逐灭洋倭"为号召。起义迅速扩大，攻克重要城市全州。6月1日，朝鲜外务督办赵秉稷会晤清廷驻朝通商交涉大臣袁世凯，要求中国派兵协助镇压。3日，朝鲜政府正式向清廷递送求援文书。日本认为有机可乘，竭力怂恿清政府出兵。同时，日本内阁于6月2日通过出兵朝鲜的决定，半个月后，日军入朝兵力已近4000人。海军也有8艘军舰驻泊朝鲜海面。但当时，东学党起义已基本平息，中、日双方正讨论如何撤军问题。一意挑动战争的日本，必须找出一个拒绝撤兵的理由，也就是说在外交上要有一个说法。经过冥思苦想，日本内阁总理大臣伊藤博文在6月14日的内阁会议上，抛出了"共同改革朝鲜内政"的方案。方案通过后，外相陆奥宗光即向驻朝公使大鸟圭介面授机宜。

现今暴徒已平定，和平恢复，然今后可使日、清间发生争议之

---

① 《李鸿章全集》信函六，第573～574页。
② 魁特：《美国外交关系史》英文版第2卷，第240页。

事件，不可避免。因此，内阁会议已决定采取断然处置，与清国协力以改革朝鲜政府之组织。为此目的，应有迫使清国共同任命委员之决议。与清国商定此事时，在谈判继续期间，无论使用任何借口以使我军留驻于京城，最为必要。作为延迟我军撤退之理由，阁下可用最公开而表面上的方法，即派遣公使馆馆员至暴动地方进行实地调查。而上述调查，务令其缓慢进行，并使调查报告书故含适与和平状态相反的情况。[①]

日本外务大臣陆奥宗光

日本料定，清政府不会接受共同改革朝鲜内政的方案。陆奥宗光供认："我便想借此好题目，或把一度恶化的中日关系重加协调，或终于不能协调，索性促其彻底破裂"[②]。6月19日，清总理衙门大臣答复日驻华公使小村寿太郎，明确表示对于"改革朝鲜内政案"，"断难表示同意"，并严正指出：朝鲜有自主之权，中、日两国"不得对其政滥加干涉"。但此时的清政府除了文字上的交锋外，已无实力与日本相抗衡了。

6月22日，陆奥宗光照会清廷驻日公使汪凤藻，表示"我断不能撤现驻朝鲜之兵"。同一天，日本召开的御前会议上，决意准备对中国采取决绝态度和强硬立场。28日，日军大岛旅团7600余人已全部登陆朝鲜。7月3日，大鸟圭介亲至朝鲜外务衙门，强行"提交"改革意见书及改革方案五条。日、朝连续会谈，朝鲜政府明确表示不能同意日本方案。7月17日，日朝谈判破裂。同一天，日本召开第一次大本营御前会议，决定开战。7月20日，大鸟向朝鲜政府送交两份照会：其一，胁迫朝鲜政府"驱逐"中国军队出境，限3日内答复；其二，

① 《日本外交文书》第27卷，第552号。
② 《蹇蹇录》第29页。

胁迫朝鲜政府废除中朝间一切条约、章程。7月23日凌晨，大鸟向朝鲜政府发出最后通牒，表示"如贵政府尚不能予以满足之答复时，将于适当时机，为保护我权利起见，势非出兵力不可"[①]。随即，日军进攻朝鲜王宫，软禁了国王李熙，成立了以大院君李昰应为首的傀儡政府。7月25日，大岛义昌率混成旅团主力向牙山进发。同一天，日本海军在丰岛海面袭击中国军舰，甲午战争爆发。

日本驻朝鲜公使大鸟圭介

3. 对两个"三角关系"的处理

在战争爆发前，中、日交涉中的一个重要问题是如何处理好两个"三角关系"。

无论是清政府还是日本明治政府，在远东政治格局上，都面临着一个如何处理好与英、俄两个主要大国的关系的问题。这也就是"中、英、俄"三角关系和"日、英、俄"三角关系。向远东扩张势力，进而称霸亚洲是俄国的传统政策，而在亚洲和中国获得侵略权益最多，势力范围最大的则是英国。英国远东政策的核心是如何维护其既得利益即"维持现状"。从某种意义上说，英、俄两国的外交政策都在为谋求世界霸权服务，也可以说，当时的英、俄矛盾是全球性的矛盾。

在英国看来，"防俄"是外交政策的核心内容，其他外交问题都应服从"防俄"的需要。1885年，英国占领朝鲜巨文岛遭到俄国抵制后，曾有与中国结盟的考虑。从防俄的前提出发，英国一度对清朝在朝鲜的宗主权持肯定态度。1890年前后到远东考察的英国官员格索（后来当上了外交大臣）就曾表示过："我确信，朝鲜作为一个国家继续存在的希望，就在于维持与清国的关系，

---

① 《日本外交文书》第27卷，422号，附件三。

这是历史、政策与自然的共同要求。而且只有如此，才能为维护和平提供保障"①。为其如此，在战争爆发前，英国曾试图促成中、日谈判，并劝告日本"不要把中国放弃在朝鲜的特殊地位作为谈判的先决条件"。可以说，在中、日、英三角关系中，起初，中英和日英之间是接近于等距离的。

日本摸准了英国执政者处理远东国际关系的心态和恐俄弱点，在紧密依靠美国的同时，竭力争取把英国拉到自己一边。为此，日本政府进行了不少活动。首先，它极力渲染俄国的干涉，以加重英国的恐俄症；同时，又宣传自己与俄国的对抗，以博取英国好感。1894年7月3日，日本驻华公使小村寿太郎向英国公使欧格纳表示："日本政府不允许俄国在朝鲜问题上指手画脚，已决定拒绝撤军"。同时还散布流言，以加重英国对清政府的疑心。日驻英公使青木周藏煞有介事地对英国外交部说："俄国公使希特罗渥曾劝日本与其签订政治协议，说作为交换条件，俄国可以根据日本的意愿签订经济条约或修改条约。在朝鲜问题上，中国比日本更有可能与俄国

日本驻华代理公使小村寿太郎

达成某种协议。"这种"情况通报"既想强调俄国的侵略野心，也在离间中英关系。果然，英国政府沉不住气了，立即发表外交备忘录称："如果中俄之间，或中俄与日本之间签订任何协议而置英国政府于不顾，英国就将考虑并采取必要的措施来保护自己的利益"②。

日本看准了英国根本利害关系所在，遂施展各种外交手段拉拢英国政界人士，甚至不惜采用贿赂、收买的手法达到目的。特别是对英国新闻媒体的公关活动很快显现出效果，使英国舆论迅速转向日本一边。正如1894年7月6日，青木发给陆奥的电报所说："英国大多数有影响的报纸都发表了社论，其

① 清夫信三郎：《陆奥外交》第125页。
② 转引自戚其章：《甲午战争国际关系史》，第110页。

观点与我们一致。认为《天津条约》也表述了日本在要求朝鲜改革和保护朝鲜领土完整方面的权力。公众舆论使英国政府倾向于我"①。对于通过各种手段拉近与英国的关系，青木颇为得意，他说："我采取了一些审慎的办法，向英国政府指出来自俄国的威胁，中国对朝鲜的保护是靠不住的。而中国能够保护朝鲜以阻止俄国，恰恰是英国对中国友好的主要目的。以此把英国拉向我们一边"②。事实也确实如此。1894年7月16日，即战争爆发前10天，拖延已久的日、英修改条约谈判达成协议，两国签订了《日英通商航海条约》。日本在开放内地以及关税率等方面做了让步，而英国则通过这个条约向日本表示了支持。这个条约"适时"签字的作用是毋庸讳言的，正如英国外交大臣金姆勃雷在签字仪式上所说的："这个条约的性质，对于日本来说，比打败中国的大军还有利"③。

对于俄国这个潜在战略对手，日本采取了"暂时稳住"的方针，以便集中力量先打垮清朝统治下的中国。1894年6月，日本出兵朝鲜，俄国驻日公使希特罗渥会见陆奥宗光，要求做出解释，陆奥信誓旦旦地保证，此举"纯为保护侨居朝鲜的日本居民以及日本公使馆与领事馆人员的生命财产"，同时反诬清军"可能企图留住朝鲜，并控制朝鲜"。此后，日军大批入朝，俄国尤为不安，其驻日公使再次会见陆奥"表示遗憾"，陆奥又虚伪地保证"日本绝不想占有朝鲜，并准备随时与中国同时撤兵"，使俄国公使信以为真。

6月底，日本明确拒绝从朝鲜撤兵，引起各国的担心。俄国发出照会，"忠告"日本，如拒绝与中国同时撤军，"应负严重责任"④。7月2日，日本外务省复照会俄国公使称："若至该国（指朝鲜——引者注）内乱完全平定，祸乱已无再起之危险时，当时即将军队撤回"⑤。日内阁总理大臣伊藤博文又向俄国公使明确表示："日本毫无夺取朝鲜内政的意图，其目的系在真正保卫朝鲜实际脱

① 《日本外交文书》27卷，第645号。
② 《日本外交文书》第27卷，第626号。
③ 《日本外交文书》第27卷，第1册，113页。
④ 中国近代史资料丛刊《中日战争》第七册，第234页、287页注。
⑤ 《蹇蹇录》第40页。

离中国而独立"①，并开出一张空头支票说，如朝鲜政府实施改革，避免重新"暴乱"及中国"再度干涉"，"则日本准备与中国同时撤退军队"。不但俄国公使再次轻信了日本的谎言，而且俄国外交大臣吉尔斯也十分满意，他甚至告诫主张对日强硬的驻华公使喀西尼说："我们完全珍视李鸿章对我们的信任，然而我们认为不便直接干涉朝鲜的改革，因为在这建议的背后，显然隐藏着一个愿望，即把我们卷入朝鲜纠纷，从而取得我们的帮助"。②

7月中旬，日本要求朝鲜限期"改革内政"，俄国发现自己被日本玩弄，其势力将被排斥于朝鲜之外时，才通过驻日公使向日本政府表示："（朝鲜政府的）任何让与，如果违背独立的朝鲜政府所签订的条约，均为无效"。而陆奥宗光则答称，日本的各项要求"并不违背朝鲜的独立"③。日本在对俄交涉中，始终表现得冠冕堂皇，实则满嘴谎言，使俄国一时摸不清其真实意图。而日本却摸清了俄国的外交底牌，知道它不会为清政府火中取栗，正如一位英国历史学家所说："他们虽然未得到俄国的保证，但肯定俄国侧面行动的危险是很小的"④。一直到战争爆发前，俄国的外交动向被基本稳住，未能强力干涉。

与日本的纵横捭阖，随机应变相反，清政府却昧于世界大势，制订不出正确、有效的外交政策，只是守住"以夷制夷"的老方针，以不变应万变。当日本蛮狠无理，步步紧逼时，清廷仍把和平的幻想寄托在西方列强（特别是英、俄）的干涉上。在战争爆发前，李鸿章频频请英、俄等国出面调停，他在天津会晤俄国公使喀西尼和英国公使欧格纳。当时喀西尼的态度比较积极，一口应承可以"劝阻"日本用兵。为此，李鸿章电告总理衙门说："喀（西尼）谓，俄韩近邻，亦断不容日妄形干预。并谓使华以来，唯此件亦涉于俄关系甚重，希望彼此同心力持"。四天后，俄国驻华参赞巴甫洛夫奉命表示："俄皇已电谕驻日俄使转致日廷，勒令与中国商同撤兵，俟撤后再会议善后办法。

---

① 《中国近代史资料》丛刊，《中日战争》第七册，第239页。
② 中国近代史资料丛刊《中日战争》，第七册，第245页。
③ 中国近代史资料丛刊《中日战争》第七册，第224、263页。
④ 菲利浦·约瑟夫：《列强对华外交》，中文版第48页。

如日不遵办，电报俄廷，恐须用压服之法"①。似乎俄国将不惜用一切手段遏止日军侵朝，这使李鸿章大为宽心，对俄国的调停深信不疑，感激涕零。

实际上，俄国对是否干涉仍犹豫不决。它看到日本态度强硬，冲突已非口舌所能制止。如用强制手段，只会把日本推向英国一边，于己不利。更何况，俄国远东地区经济不发达，交通不便，西伯利亚铁路尚在建设中，也缺乏单边干涉的实力。加之，它认为中日如爆发战争，可能两败俱伤，也有利于自己在东亚的扩张。因此，俄国很快改变"压服"日本的想法，甚至与日本眉来眼去，互示"友谊"。俄国外交大臣吉尔斯解释俄国远东政策时说："帝国政府所遵循的目标是：不为远东敌对双方任何一国的一面之词所乘，也不被他们牵累而对此局势有偏袒的看法。类似的行动方式，不仅有失我们的尊严，甚至可以限制我们将来行动的自由"②。显然，所谓俄国调停已变成了俄、日间的一场交易。而李鸿章依赖俄国调停的幻想，却像肥皂泡一样破灭了。怪不得时任总税务司的英国人赫德嘲笑道："俄国人在天津挑逗了一番，过了两个星期，忽然又退却了。李鸿章讨了偌大一场无趣"③。

俄国调停失败后，李鸿章并不死心，又把希望寄托在英国身上。英国当时正为遏制俄国而拉拢日本，但仍需顾及在中国巨大的商业利益，同时也不愿让俄国垄断"调停"。故此，英国公使欧格纳频频出入总理衙门，表示出参与调停的意向。李鸿章决心抓住这根救命稻草，并试图以"东方商务"和英、俄矛盾来打动英国人。他特意向英国驻天津领事提出可笑的要求："速令水师提督带十余铁、快舰，径赴横滨，与驻使同赴倭外署，责其（日本）重兵压韩无礼，扰乱东方商务，与英大有关系，勒令撤兵，再议善后，谅倭必遵。而英与中、倭交情尤显。此好机会，勿任俄著先鞭"④。这简直是异想天开的梦呓，自然碰了一鼻子灰。

① 《李鸿章全集》电报四，第74页、第83页。
② 菲利浦·约瑟夫：《列强对华外交》，中文版第48页。
③ 《中国海关与中日战争》第49页。
④ 中国近代史资料丛刊《中日战争》第2册，第575页。

英国"调停"虽然只是一个骗局,但表面上,在其撮合下,中、日在北京开始了直接谈判。清政府答应了所谓中、日"共同改革朝鲜内政"的要求,但提出"第一步先行撤兵"。日本同意谈判,一方面是要给自己在外交上加分,同时也是要给英国一个"面子",但这不过是虚晃一枪罢了,它发动战争的决心已定,故很快就于7月16日发出照会,宣布中止谈判,指责中方的主张是"有意滋事",并宣称:"嗣后因此即有不测之变,我政府不任其责"②。清政府依靠列强"调停"的希望再度落空。

对于中、日、英之间的关系,清政府内部没有一位高官能从战略高度上加以认识,只是有病乱投医,临时抱佛脚,一会儿求俄,一会儿求英。如此反复不定引起了英国的猜疑和不满,导致英国发出警告:"给第三国(指俄国)以干涉的机会实属下策"③。中英与日英之间的关系,开始时几乎是等距离的,但清廷在对英外交上不能通权达变,而日本则积极拉拢。最后,英国为了防俄的战略需要,决定用牺牲中国利益来满足日本的欲望,开始将远东政策的重心逐渐移向日本,使日本"将英国拉向我们一边"的计划终于得以实现。

二、战时外交

丰岛海战标志着甲午战争的爆发,而在这次海战中,受雇于清方的英籍"高升"号商船被击沉,成为当时一个重大的国际事件,震惊中外。

1. 围绕"高升号"事件的交涉

1894年7月17日,日本大本营正式作出与中国开战的决定,并命坚决主战的桦山资纪中将接任海军军令部长。桦山履新后,立即将常备舰队与西海舰队(原警备舰队)合编成联合舰队,任命伊东祐亨中将为司令官,统辖舰船27艘,鱼雷艇6艘。另有6艘军舰负责横须贺、吴、佐世保等军港的警戒任务。随即,

---

① 中国近代史资料丛刊《中日战争》第2册,第618页。
② 转引自戚其章:《甲午战争国际关系史》第129页。

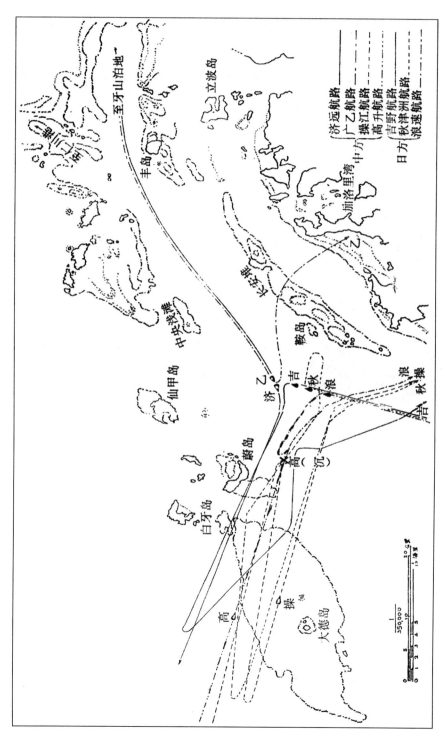

丰岛海战中日两国舰队航迹略图

大本营命令伊东率联合舰队"控制朝鲜西岸海面",并在丰岛或安眠岛附近建立临时根据地。

7月20日,日本大本营接到北洋舰队将赴牙山的情报。两天后,桦山资纪抵佐世保军港,传达了赴朝鲜海面伺机袭击北洋海军的密令。7月23日,日本联合舰队离开佐世保,进入战斗准备状态。25日,第一游击队"吉野"、"秋津洲"、"浪速"等3艘巡洋舰抵安眠岛,并向丰岛附近搜索。伊东则率本队和第二游击队各舰驻泊群山湾。

济远舰管带方伯谦

清政府方面,在收到日本所谓"第二次绝交书"后,光绪帝于7月14日谕令李鸿章"速筹战备"。当战云密布之时,李鸿章才匆忙布置运兵增援计划。他抽调陆军近3000人,租赁英国公司商船"爱仁"、"飞鲸"、"高升"3艘,于7月21日至23日分别运往朝鲜牙山。北洋海军提督丁汝昌奉命派"济远"舰管带方伯谦率"济远"、"广乙"、"威远"三舰护航。23日,"济远"等舰护送运兵船"爱仁"、"飞鲸"抵达牙山。24日,运兵船先后驶进牙山港口,4营援军登岸完毕。因情况紧急,方伯谦命战斗、防卫能力均弱的"威远"舰先回威海,"济远"、"广乙"则于25日清晨起碇返航。其时,日海军第一游击队3艘巡洋舰早已做好突然袭击的准备。

7月25日早七点四十五分,当双方军舰在丰岛附近海面相距3000公尺时,日军指挥舰"吉野"号开始攻击"济远",随后,"秋津洲"、"浪速"也参与围攻,丰岛海战爆发。这次海战,在总吨位(11084吨对3330吨)、总马力(31696匹对5200匹)、平均速率(19.8节对15节)、火炮数量(86门对38门,其中日方有速射炮22门,而中方则无一门)、舰员总数(1053人对312人)等方面,日海军都占据着绝对优势。在实力对比悬殊的形势下,北洋海军将士仍拼死搏战,英勇抵抗。激战中,"济远"多次命中"吉野",炮弹洞穿"吉野"右舷,

北洋海军"济远"号巡洋舰

自焚之"广乙"舰

摧毁其发电机，又击中"浪速"左舷船尾，破坏其海图室。但"济远"舰也受损严重，望台（即驾驶台，或称舰桥）被击中，正在司舵的帮带大副沈寿昌头部中弹牺牲，枪炮二副柯建章洞胸殉难，年仅20岁的见习生黄承勋（1890年毕业于天津水师学堂）自告奋勇指挥炮手装弹瞄准，也中弹断臂而死。此外，军功王锡山、管旗头目刘鹍都中弹阵亡。舰上先后有30人战死，27人受伤，将士们前仆后继，视死如归，气壮山河！

另一艘军舰"广乙"号在战斗中也被击中桅楼和舱面，30多人阵亡，40多人负伤。在走避炮火时，仍发炮击中日"浪速"舰左舷，击碎其锚机。最后于朝鲜西海岸搁浅，管带林国祥率残部17人焚舰登岸。

将近九点钟时，"济远"管带方伯谦在敌舰猛追下，竟可耻地下令悬挂起白旗和日本旗，但敌舰仍穷追不舍。中午12点38分，日舰"吉野"逼近"济远"仅2000米，并以左舷炮连发6弹。在此危机关头，"济远"水手王国成、李仕茂用150毫米口径尾炮连发4炮，3发击中"吉野"，使其舰首低俯，掉头回驶，"济远"才得以逃回旅顺。

当"济远"、"广乙"与日舰激战之时，运兵船"高升"号和运载军械、饷银（约20万两）的木质炮舰"操江"号（当运输舰使用）也先后驶近作战海区。上午九时左右，"高升"号从"浪速"右舷通过，日舰长东乡平八郎海军大佐率几名军官登船，要求跟随行使。英国船长高惠悌（Galsworthy）表示"在抗议下服从"。但船上的中国官兵坚决反对。领兵官"仁字营"营务处帮办高善继号召将士们说："我辈同舟共命，不可为日兵辱！"于是通过随船的德国人汉纳根（李鸿章的顾问，后任北洋舰队总教习）与英国船长展开了一场激辩。

船长说："抵抗是无用的，因为一弹能在短时间中使他们沉没"。

高继善回答："我们宁愿死，决不服从日本人的命令！"

船长劝道："请再考虑，投降实为上策。"

高继善坚定地表示："除非日本人同意退回大沽口，否则拼死一战，决不投降！"

船长又提出："倘使你们决计要打，外国船员必须离船。"

高继善见英国船长不肯合作，随即把他监视起来，并命令看管船上的所有吊艇，不准任何人离船。

延至中午十二点半，双方交涉过去了三个小时，日本人决定向这艘运兵商船开火。下午一时，"浪速"号发射了一枚鱼雷，但未命中，遂开炮射击。船上的清军将士视死如归，用步枪勇敢地还击。这场军舰对商船，大炮对步枪的战斗坚持了半个小时，"高升"号终于中炮沉没。日舰仍不甘心，竟残忍地向落水者开炮屠杀，历时一小时之久，中国官兵871人殉国，同时遇难的还有62名船员（其中包括5名英国人）。另有245名中国官兵先后被正在周围海域的法、德、英三国军舰救起，船员中有船长、大副等12人获救。

至下午两点钟左右，清军运输舰"操江"号也被日舰"秋津洲"号俘获，船上军资均入敌手，83名船员被押送至日本佐世保港。

"高升号"是一艘英国籍商船，载重1353吨，被清政府租用运兵及大炮、枪支、弹药等物资赴朝鲜。由于该船为英国籍，并悬挂有英国国旗，故此，英驻日临时代理公使巴健特向日本外务省提出交涉。这一事件让日本政府大为震惊。对于这一意外事件，陆奥宗光后来回忆说："最使我国官民大吃一惊的，是我国军舰'浪速'号击沉悬挂英国国旗的一艘运输船的消息……最初接到在丰岛海战中我国军舰击沉悬有英国国旗的运输船的报告时，都想到在日、英两国间或将因此意外事件而引起一场重大纷争，任何人都深为惊骇，因而有很多人主张对英国必须立即给予能使其十分满意的表示"[1]。

为此，陆奥外相写信给首相伊藤博文说："此事关系实为重大，其结果几乎难以估量，不堪忧虑"，提出"是否暂时停止增派大军，（中日）双方不再接触？实在过于忧虑"[2]。伊藤得到报告，也大惊失色，立即召见海军大臣西乡从道，指出"浪速"舰长东乡平八郎"擅将英国商船击沉，殊属轻举妄动，

① 陆奥宗光：《蹇蹇录》第70～71页。
② 转引自藤村道生：《日清战争》，中文版第90页。

"浪速"舰舰长东乡平八郎海军大佐

望速将该舰长罢免，以谢英国政府"①。但西乡以未接到舰队的报告为由拖延不办。随后，日本海军省主事山本权兵卫又私下修改报告，为日本军舰洗刷、开脱罪名。

丰岛海战及"高升"号事件后，李鸿章即于7月27日致电总理衙门，指出"高升系怡和船，租与我用，上挂英旗，倭敢无故击毁，英国必不答应"②。并电驻英公使龚照瑗说："所租怡和高升装兵船被日击沉，有英旗，未宣战而敢击，亦藐视公法矣！"军机处接到李鸿章的电报，相信他"英国必不答应"的判断，认为形势对中国有利。总理衙门也于7月27日下午约见英国公使欧格纳，试图抓住"高升号事件"，诱使英国出面干涉。总理衙门首席大臣奕劻说"英船悬挂英旗，倭兵居然炮击，……英国似不能忍而不问"，"现在撤兵不成，衅端已肇，又伤英国商船，贵国政府似不能无办法"③。清政府一厢情愿地相信英国不会对"高升号"事件放任不管。因此，只是动动嘴皮，玩一点"激将法"的小伎俩，却不深入跟踪，多方下力，促使形势向有利于己的方向转化。

日本方面对此事件是高度重视的，它四处活动，紧抓不放，动员一切力量，使出浑身解数，终于化被动为主动，躲过了国际舆论谴责，也避免了英国的干涉。

"高升"号事件真相大白后，英国舆论大哗，"尤其是各报纸对此问题决不肯轻易罢休。有的说日本海军侮辱大不列颠帝国的旗章，英国应使日本表示道歉；有的说日本海军的行为是在战争开始以前，即在和平时期发生的暴行，日本政府应对沉船的航主及因此次事变而丧失生命财产的英国臣民予以适当赔

---

① 中国近代史资料丛刊《中日战争》第6册，第80页。
② 《李鸿章全集》电报四，第168页。
③ 《清光绪朝中日交涉史料》1261，附件一。

被日本海军击沉之"高升"号

日本巡洋舰"浪速"号

偿。其他尚有言论激烈以宣泄愤怒之情者"①。8月3日，英国政府照会日本驻英使馆，表示："由于日本海军的行为而使英国公民生命财产遭受的一切损失，日本政府必须负全部责任"②。

日本政府在经过了短暂的惊慌失措后，定下了心神，以攻为守。陆奥一方面约见英国代理公使，表示"俟经过充分调查以后"，发现有"失当之处""当给予适当的赔偿"，一面又于8月7日派驻英公使馆德籍秘书西博尔德拜访英国外交副大臣柏提，鼓动如簧之舌，肆意狡辩。竟称丰岛海战是"中国军舰先开第一炮"，又诡称由于高升号船长已不能指挥该船，"该船尽管还挂着英国旗，但已不是英国人所有"，遂把高升号定性为"中国船"。甚至编造日舰"浪速"号当时有被击沉危险的谎话，这种诡辩竟使英国外交副大臣无言以对。

同时，日本还贿赂、收买英国媒体和权威人士，正如日驻英公使青木给陆奥外相的秘密报告中所供认的：

> 《每日电讯报》、友好的《泰晤士报》和其他主要报纸，由于审慎地雇用，均就上述消息改变了腔调。除路透社外，几家主要报纸和电讯报社都保证了合作。英国权威人士维斯特雷基公开表示：根据国际法，'浪速'舰是对的。在德国，《科隆报》的政治通讯员和友好的《大陆报》，也因此而受到影响。你要提供我约1000英镑的特工经费。③

日本通过在外交上大耍手腕，甚至包括行贿收买（即所谓"审慎地雇用"），终于使英国和欧洲在"高升"号事件上改变了腔调。英国政府碍于"联日防俄"的既定方针，决定息事宁人，指示将"高升"号一案交由上海"英国海事裁判所"审理。海事裁判所给出的结论是："日本击沉该船乃正常之举，并劝政府不作

④ 《蹇蹇录》第74页。
⑤ 转引自戚其章《甲午战争国际关系史》第244页。
① 《日本外交文书》第27卷，第720号。

任何要求"①。这样英国政府的态度就来了一个180度的大转弯。清政府通过"高升"号事件鼓动英国干涉的幻想，终于"竹篮打水——一场空"。

2. 平壤之役与黄海海战后之外交活动

平壤是朝鲜北部的重镇，也是王室的旧都。它背靠峰峦重叠的高山，面向波涛滚滚的大同江，形势极为险要。中、日关系紧张后，清政府调集各路援军入朝，到8月上旬，聚集于平壤的清军，计有左宝贵的"奉军"，丰升阿的奉吉练军，马玉昆的"毅军"、卫汝贵的"盛军"（李鸿章淮军之一部），号称"四大军"。加上从牙山逃回的叶志超部，总计兵力有32营13526人（有些营兵员不足额），后因将其中8营4000人调防安州后路，真正防守平壤的清军只有9500人左右。总体看，防守兵力是不足的，而李鸿章又没有固守平壤的决心，他指示部队"可守则守，不可则退"。四路大军各自为政，"漫无布置"，有的军营甚至置酒高会，不以防务为急。直到8月的最后一天，败军之将叶志超竟被拔擢为驻朝"诸军总统"，出乎所有人的意料之外。

当清军战守不定之际，日军第五师团长野津道贯中将于8月19日抵达汉城，决定大举北犯，预定于9月15日总攻平壤。其具体部署为：第九混成旅团3600余人（旅团长大岛义昌少将）集结于开城，从中和进抵大同江东岸；第十旅团之一部约2400余人集结于朔宁，称"朔宁支队"（由旅团长立见尚文少将指挥），经遂安、陵洞、三登，渡大同江至国主岘高地，与清军相峙；第三师团之一部于8月26日在元山登陆，暂归第五师团指挥，合计4700余人，称"元山支队"；第五师团本部分两个团队合计5400余人，由野津亲自率领，迫近平壤。以上进攻平壤的日军总兵力达16000余人，大大超过驻守平壤的清军。此外，日军还有3500人分驻在汉城、元山和洛东。

9月12日，各路日军进至平壤城外，叶志超才忽忙召集诸将会议，研究兵力部署，并划分防区。除左宝贵仍驻城北山顶，守玄武门外，其他各部的

---

② 《日本外交文书》第27卷，第725号。

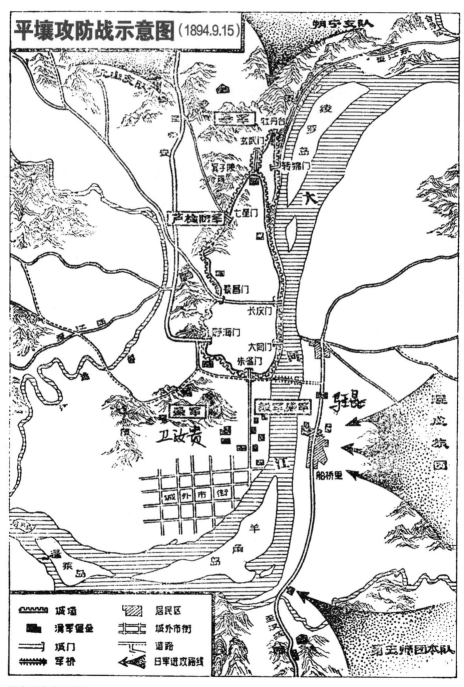

平壤攻防战示意图

布置是："毅军"马玉昆部与"盛军"一营驻浮桥，控制大同江渡口；卫汝贵部"盛军"负责大西门至盛、毅两军结合部的防务；北门外山上由江自康的"仁字营"驻守，遇有险情，丰升阿的奉、吉练军负责支援；大西门至七星门之间由叶志超的榆防军、聂士成的芦防军及正定、古北口的练军防守，卫汝贵的盛军负责支援。

马玉昆

15日凌晨，日军向大同江南岸船桥里的守军猛烈进攻，拉开了平壤之战的序幕。守将马玉昆督同毅军1营、盛军3营顽强搏战，日方记载形容道："战争愈来愈激烈，乾坤似将为之崩裂"①。天色渐明，卫汝贵又亲率200人渡江支援，面对清军堡垒，日军久攻不下，两名大尉及两名中尉被击毙，前卫司令官亦负伤。其时，日军左翼队从南岸渡过大同江，但为盛军所阻。下午两点半，日军被迫退出战场，驻守水湾桥。船桥里之战，清军以寡敌众（清军2200人，日军3600人），伤毙敌人430人（包括击毙大尉4名、中尉2名），日旅团长大岛义昌少将及第21联队长西岛助义中佐均负伤。第21联队中有两个中队的军官或死或伤，无一幸免。这是清军在整个甲午战争中打得最好的一次战斗。日军不但失利于南战场，其第五师团主力5400余人在西线的攻击也未能凑效，面对清军坚守堡垒，难越雷池一步。

平壤之战的主战场在北面。为截断清军退路，日军集中朔宁、元山两个支队近8000人的兵力（占其总兵力的一半）分东、西两路向玄武门（平壤北门）清军堡垒展开钳形攻势。清军北线防军为左宝贵的"奉军"3营（1500人）、江自康的仁字2营4哨（1400人），总共不过2900人，两军兵力相差悬殊。而日军在进攻时，又集中五倍于对手的绝对优势兵力专攻左宝贵部，玄武门守军的艰

---

① 《日清战争实记》第8编第6页。

苦、危殆局面可想而知。但左宝贵抱定必死之心，毫不畏惧。还在8月下旬，叶志超准备弃守平壤时，左宝贵就曾大义凛然地斥责他："若辈惜死，可自去，此城为吾冢矣！"①战斗打响后，左宝贵登上城垣指挥，沉着应战。终因敌众我寡，北门外4座堡垒相继失守。两路日军会合后，从三面夹击城外最后一座堡垒——牡丹台垒。左宝贵见战局难于挽回，决计以身殉国，他端端正正地戴上翎顶，穿上黄马褂，凭城誓师，鼓励将士们道："建功立业，此其时也！"②并亲自指挥一门重炮向敌人猛烈射击。不久，炮手阵亡，左宝贵也已挂彩，但他仍奋不顾身，上前亲自开炮。左宝贵的表弟、左营营官杨建春见炮火太猛，想把他拖下炮台暂避，"宝贵击以掌"③，拒绝后退一步。不久，这门大炮也被炸毁，左宝贵腿部再次中弹。一位亲历战斗的哨官后来回忆说：左"很敏捷地用一块布将伤口裹好以后，站起来继续鼓舞士兵作战"④。随即，左宝贵颈部受伤，他强忍剧痛，继续坚守指挥岗位。最后"连受枪伤，洞胁穿喉而殒"⑤。奉军的三位营官也两死一重伤。左宝贵在抗击日本侵略者的战场上，不屈不挠，流尽了最后一滴血。

玄武门和牡丹台的失守，让叶志超完全丧失了信心，他决定放弃平壤。是夜8时，清军开始漫无秩序地撤退。当时大雨倾盆，溃退的清军"恍似惊弓之鸟"。而日军则堵住路口，拦路截杀。9月16日拂晓，北路日军进入平壤牙城（牙城指主将所居之城，即内城）。平壤战后，爱国诗人黄遵宪曾写下《悲平壤》一诗，诗云：

> "翠翎鹤顶城头堕，
>
> 一将仓皇马革裹。
>
> 天跳地踔哭声悲，

① 《沈阳具志》卷九，"左宝贵传"。

② 《左忠壮公在奉始末事迹》。

③ 易顺鼎：《盾墨拾余》。

④ Dugald chistie，《沈阳三十年记》。

⑤ 《费县志·左宝贵传》。

南城早已悬降旗。"

　　（当时平壤几处城门已悬挂白旗）。

　　在反侵略斗争中，那些贪生怕死的软骨头只配钉在历史的耻辱柱上，而为国家、民族英勇献身的将士们将永远留在人民的记忆中。

　　平壤激战两天后，在鸭绿江口大东沟附近的黄海海面，爆发了中、日两国海军主力的一次鏖战。

　　9月上旬，李鸿章考虑到平壤后路空虚，决定调驻在金州的铭军刘盛休部4000人用轮船运往大东沟，以便入朝。并命北洋海军提督丁汝昌率海军主力护航。9月15日上午，护航舰队驶抵大连湾，16日凌晨，5艘运兵船在海军18艘舰艇护送下，向大东沟进发，中午抵大东沟口外。丁汝昌命2艘炮舰和4艘鱼雷艇护送运兵船进口，并令"平远"、"广丙"两舰停泊口岸近处，担任警戒。"定远"、"镇远"、"致远"、"靖远"、"来远"、"经远"、"济远"、"广甲"、"超勇"、"扬威"等10艘战舰则离口12浬处抛锚，做外围防护。16日晨，10营援军及军械、马匹全数登岸，舰队完成护航任务，准备于17日早返航。

　　9月17日清晨，朝霞生辉，轻风徐来。9点钟后，北洋舰队开始一小时的常规操练。面对随时可能发生的战斗，水兵们士气高昂。据亲历其境的美国籍雇员、"镇远"舰帮办管带马吉芬记载："舰员中，水兵等尤为活泼，渴望欲与敌决一快战，以雪广乙、高升之耻。士气旺盛，莫可名状"，"头卷辫发、赤裸两臂，肤色淡黑的壮士，一群、二群直立于甲板炮旁，等待厮杀"[1]。在"定远"舰上服务的英国人泰莱也说："'定远'旗舰中，欣欣之气，最为充溢"[2]。与此同时，日本联合舰队军舰12艘也正由海洋岛向东北方向驶来，与北洋舰队不期而遇。当双方越来越接近时，丁汝昌为发挥舰首重炮威力，下令舰队以犄角雁形阵迎敌；又令同型战舰互相支援，各舰以舰首向敌，并尽可能随同旗舰运动。日方则以单纵阵对抗，第一游击队（包括"吉野"、"高千穗"、"秋津洲"、

①《马吉芬黄海海战述评》，《海事》第10卷第3期第37页。
②《中日战争》第6册，第43页。

"浪速"4艘巡洋舰）居前，本队6舰（包括"松岛"、"岩岛"、"桥立"3艘海防舰、"千代田"、"比睿"2艘巡洋舰以及"扶桑"号铁甲巡洋舰）继后，"西京丸"（商船改装的巡洋舰）、"赤城"（炮舰）两舰则在本队左侧相随。

中午12点50分，双方舰队相距约5300米，"定远"号首先向日舰"吉野"开炮，炮弹在"吉野"侧翼水面爆炸，拉开了黄海海战的帷幕。当时参战的中国军舰有"定远"、"镇远"等10艘，总吨位31366吨，平均速率15.5浬，火炮总数173门（无速射炮）；总马力46200匹；日方则有"松岛"、"吉野"等军舰12艘，总吨位40849吨，平均速率15.6浬（第一游击队为每小时19.4浬），火炮总数268门（其中速射炮93门），总马力73300匹。从双方力量对比看，北洋舰队明显居于下风。

战斗开始后，日第一游击队"吉野"等4艘巡洋舰快速绕过"定远"、"镇远"两艘铁甲舰，攻击北洋舰队右翼弱舰"超勇"、"扬威"。"超勇"、"扬威"奋力抵抗，先后击中"吉野"、"高千穗"和"秋津洲"，但自己也多处中弹。将近下午两点半时，"超勇"被击沉，"扬威"受重伤，驶离战场搁浅。而双方旗舰"定远"号和"松岛"号则相互猛烈炮击，在飞桥督战的北洋海军提督丁汝昌被抛落舱面，受重伤。"定远"管带刘步蟾指挥战舰不时变换阵位应敌，开炮击中"松岛"号炮塔和7号炮位。此时，落在后面的日舰"比睿"号试图穿过北洋舰队阵形与本队会合，遭到"定远"、"靖远"的围攻，下甲板后部被毁，后舱面起火，在侥幸冲出火网后，向南驶逃。

日方"赤城"号是一艘只有622吨的小炮舰，速力只有10.3节，行动迟缓，战斗力弱，掉在全队的最后，被中国军舰打得遍体鳞伤，舰长坂元八太郎少佐亦被击毙。舰上军官非死即伤，遂转舵南窜，至下午两点半才逃离作战海域。此时，泊于大东沟港口的清方军舰"平远"、"广丙"也赶来加入战阵，与日旗舰"松岛"号对峙。而日舰"西京丸"号（商船改装，日海军军令部长桦山资纪中将乘坐该船）则被"定远"、"镇远"炮火频频命中，船舵、轮机均不能使用，右舷也中弹渗水。接近下午3点，中国"福龙"号鱼雷艇向其连发两枚鱼雷，桦山资纪惊呼："我事毕矣！"闭目等死。只因相距过近，鱼雷未能触发，

"西京丸"得以狼狈逃窜。

下午3点刚过，"定远"中炮起火，火势猛烈。日第一游击队趁机扑向中国旗舰，"镇远"、"致远"同时急驶趋前掩护。"致远"号巡洋舰管带邓世昌（1849~1894）见"定远"危急，遂激励将士说："吾辈从军卫国，早置生死于度外，今日之事，有死而已！"[①]他命本舰"开足机轮，驶出定远之前"[②]，使"定远"得以喘息，而"致远"却中弹累累。此时，"致远"正面对日军主力"吉野"号，于是邓世昌对大副陈金揆说："倭舰专恃吉野，苟沉是船，则我军可以集事！"[③]遂开足马力，冲向"吉野"，欲与敌舰同归于尽。但途中遭日第一游击队连环轰击，水线被击中，导至舰上一枚鱼雷爆炸，右舷倾斜，舰首下沉。目睹这悲壮一幕的洋员马吉芬事后叹息道："惜哉！壮哉！"[④]"致远"沉没后，绝大部分舰员葬身海中。邓世昌落水时本可获救，但他以"阖船俱没，义不独生"，拒绝援救。甚至当他的爱犬凫到身边，衔其胳臂

致远舰管带邓世昌

经远舰管带林永升

和发辫时，他竟毅然按犬头入水，共没于波涛之中。而"济远"管带方伯谦，"广甲"管带吴敬荣见"致远"沉没，竟不顾大局，转舵而逃。"济远"逃回旅顺，方伯谦后被军前"正法"；"广甲"在大连湾三山岛外触礁搁浅，吴敬荣等

---

①　徐珂：《邓壮烈阵亡黄海》，见阿英编《晚清祸乱稽史》下卷。

②　《清光绪朝中日交涉史料》第21卷，第22页。

③　姚锡光：《东方兵事纪略》，《中日战争》第1册，第67页。

④　《马吉芬黄海海战述评》，《海事》第10卷，第3册。第41页。

邓世昌与致远舰之部分官兵

弃船登岸，两天后，"广甲"被日舰开炮击毁。

"济远"、"广甲"逃遁后，日第一游击队转攻"经远"，"经远"中弹甚多，被划出阵外。管带林永升（1853~1894）以一抵四，毫无畏惧，他率领全舰官兵"发炮以攻敌，激水以救火，依然井井有条"[①]。但在激烈的炮战中，林永升头部中弹阵亡，帮带大副陈荣、二副陈京莹也先后牺牲。不久，"经远"在烈焰中沉没，全舰官兵200余人除16人获救外，全部壮烈殉国。

下午3点20分以后，中、日舰队分成两个战斗群继续鏖战。一面是日舰本队以"松岛"号为首的5舰围住"定远"、"镇远"苦战；另一面是日第一游击队以"吉野"为首的4舰专攻"靖远"和"来远"。在激战中，"来远"中弹200余发，舰身烈焰腾空，机舱温度高达93.3℃；"靖远"中弹100余发，进水甚多，急需休整。于是两舰突出重围，驶至大鹿岛附近，一面背靠浅滩迎敌，一面抓紧时间灭火修补。尾追的4艘日本巡洋舰害怕搁浅，不敢靠近，只能遥击。"来远"、"靖远"终于赢得时间，化险为夷。而在另一个战区，"定远"和"镇远"互相依托，与5艘日舰缠斗不已。日方记载也不得不承认："定远、镇远二舰顽强不屈，奋力与我抗争，一步亦不稍退"[②]。战至下午3点半，"定远"口径30.5厘米的大炮命中"松岛"右舷下甲板，引发甲板上的弹药爆炸，刹时间，巨响震天，白烟弥漫，歼敌大尉以下官兵50余人（一说84人）。很快，烈火吞没舰体。日联合舰队司令伊东祐亨中将只得命令军乐队员临时充当炮手。这艘日军旗舰已经失去了指挥和战斗的能力，不得不发出"各舰随意运动"的信号，并与4艘巡洋舰向东南方向逃窜，而"定远"、"镇远"则尾追攻击。

下午5时左右，"靖远"、"来远"完成休整并恢复战斗力后，即时归队。"靖远"管带叶祖珪接受帮带大副刘冠雄的建议，代替旗舰升起收队旗（因旗舰危楼被毁，无法指挥），于是"来远"、"平远"、"广丙"及福龙、左一两艘鱼雷艇应命前来会合，尚在港口内的"镇南"、"镇中"两艘炮舰及右二、右三两艘鱼雷艇也出港归队。北洋舰队声势复振，而日本舰队则无力再战，而且此时

① 《中日战争》第1册第168页。
② 川崎三郎：《日清战史》第七编第三章第70页。

日已西沉，暮色苍茫，伊东祐亨不敢恋战，于5点半发出"停止战斗"的信号，向南撤退。北洋舰队尾追数浬后，因追赶不及，转舵返回旅顺。历时近5个小时的黄海大海战方告结束。

黄海海战，北洋舰队有5艘军舰沉没（包括"广乙"号触礁石弃船），但"定远"、"镇远"等主力战舰犹存。而日联合舰队虽未沉一艘，但参战军舰均受到不同程度的损伤，"松岛"、"吉野"、"浪速"、"比睿"、"赤城"、"西京丸"等舰则遭重创。旗舰"松岛"号伤亡达100余人之多（全舰满员401人），完全失去了战斗力。海战结果，日方并未实现"聚歼清舰于黄海中"的预定目标，而且不敢马上再与北洋舰队交锋。但李鸿章害怕自己一手培植的北洋舰队再遭损失，遂于1894年11月27日指示丁汝昌等，只许舰队依傍岸上炮台防守，"不得出大洋浪战"，从而自动放弃了黄海的制海权。

平壤之战与黄海海战是甲午战争中两次至关重要的军事行动。这两大战役的结局使战争胜负的形势基本上明朗，清政府的求和活动又进一步活跃起来。

战争爆发前后，清廷内部帝、后两党在和战问题上意见不一。慈禧太后早有求和之意，但碍于舆论还有所顾忌，1894年10月初，奕劻在慈禧授意下，想通过赫德请英国出面斡旋。11月1日，慈禧召开亲王大臣公议，军机大臣兼兵部尚书孙毓汶首次提出请各国出面调停。第二天，慈禧起用恭亲王奕䜣"督办军务"，使其集政治、军事、外交大权于一身，以便主持议和事宜。这是慈禧推行求和方针的一个关键步骤。11月3日，奕䜣即约请英、法、德、俄、美五国公使到总理衙门晤谈，请他们致电本国政府，共同"出面干涉，以获取对日和平"[①]。英国就是否干涉征询其他四国意见，竟无一国响应。美国表示愿意"单独调停"，却遭日本婉言谢绝。随后，为贯彻求和方针，慈禧开始打击主张作战的帝党骨干。为警示光绪帝，她命降瑾妃、珍妃为贵人，处死珍妃处太监高万枝，将在热河招练兵勇的礼部右侍郎志锐召回北京，不久又派乌里雅苏台充任参赞大臣。并斥责翰林院侍读学士文廷式"语涉狂诞"。

---

① 中国近代史资料丛刊《中日战争》第7册，第449页。

通过精心谋划和部署，慈禧扫除了求和道路上的主要障碍，遂于12月中旬，任命总理衙门大臣、户部左侍郎张荫桓，署湖南巡抚邵友濂为全权大臣赴日议和。这段时期，中、日之间的交往函电，全部通过美国驻北京和东京的公使馆转达。而美国驻华公使田贝则明显站在日本一边向清廷施压，并推荐美前国务卿科士达为中国代表团顾问。1895年1月31日，张荫桓、邵友濂一行到达日本广岛。但日本认为威海之役尚未结束，谈判时机没有成熟，而张、邵两人名望不高，授权不够，遂拒绝谈判，并将张、邵两人撵出广岛。

三、签约前后之外交

1."威海之战"对和谈之影响

当和谈代表张荫桓、邵友濂尚未启程赴日时，传来了日军欲犯山东的消息。清廷即于1895年1月13日谕令李鸿章"饬令海军诸将妥慎办理"。丁汝昌遂提出一个"水陆相依"的御敌方案，得到清廷批准，但同时强调"海军战舰必须设法保全"[①] 李鸿章又指示丁汝昌："若水师至力不能支时，不如出海拼战。即战不胜，或能留铁舰等退往烟台"[②]。丁汝昌认为如挟舰冲出，舰队、基地会无一瓦全，故复电："至海军如败，万无退烟之理，惟有船每人尽而已！"[③]决定采取死守一隅、听天由命的错误对策。但他仍建议速派援军保住后路，威海防务方能支持。果然，威海的陷落，问题就出在后路上。

为攻占威海卫，消灭北洋舰队，日军统帅部重新组编了第二军（即"山东作战军"），以大山岩大将为司令官，下辖第二、第六两个师团，并命联合舰队协同第二军作战。在军事行动开始前，日军曾企图以诱降办法减少自身伤亡，但被丁汝昌断然拒绝！

1895年1月20日，日军在山东荣成湾完成登陆准备，从21日至25日全军

---

① 《清光绪朝中日交涉史料》第29卷，第30页。
② 《李鸿章全集》电报五，第341页、第345页。
③ 《李鸿章全集》电报五，第341页、第345页。

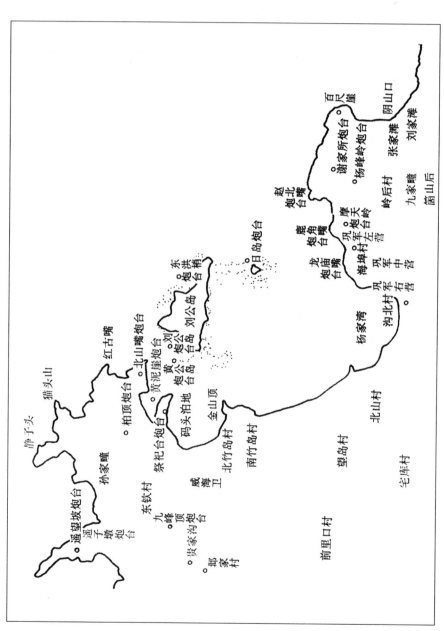

威海卫军港略图

34600人（包括夫役）及3800匹马，用了五天时间登陆完毕。期间并未遇到有效抵抗，仅在24日晚于白马河东岸遇阻，但清军孙万龄部只有1200人，旋即西撤，使威海东南门户洞开。1月30日，日军左翼支队在第十一旅团长大寺安纯少将指挥下，向威海南帮炮台逼近，炮台守军为道员戴宗骞率领的绥、巩军2500人。双方在南帮炮台群的制高点——摩天岭展开激战，日军既遭到炮台巨炮的轰击，又踏响预先埋设的地雷，死伤累累。受挫后，日军改变方向，转从西侧取三面合围之势。两军反复争夺，最后守台清军悉数阵亡，日左翼支队才得以占领摩天岭，但其支队指挥官大寺少将被港内北洋海军舰炮击毙。随后，龙庙嘴炮台、鹿角嘴炮台、所前岭炮台相继失陷。

在南帮炮台群中，皂埠嘴炮台最大，配有克虏伯大炮5门（其中口径28厘米炮2门，24厘米炮3门）。日军从陆、海两面夹击，炮台守军沉着应战，曾击沉日舰一艘，但终因寡不敌众而失陷，守军全部战死。炮台上的巨炮落入敌手，丁汝昌派鱼雷艇泊台下，埋设火药。当日军登上皂埠嘴炮台时，一声巨响，"炮台突然坍塌，台上日兵飞入空中"[①]。而前往埋雷的25名勇士也只有8人返回艇上。在口外观战的英国海军官兵对眼前发生的一幕无不感到"惊心动魄"[②]。

2月2日，日军左、右两路支队会师于威海卫城，并立即进攻北帮炮台。当日军逼近时，守军已经溃散。失去屏障的北洋舰队只能依托刘公岛做最后一搏。

日本联合舰队先于1月30日发动了第一次海上攻势，但无功而返。2月2日，日军在已占领的南帮炮台支援下再次进攻，炮战终日，仍无法靠近威海卫口。伊东祐亨见强攻不能得手，遂采取鱼雷艇偷袭战法。4日，日一艘鱼雷艇潜入威海南口，破坏了防口拦坝。5日，日鱼雷艇10艘从拦坝缺口攻入，用鱼雷击中"定远"舰，"定远"南驶至刘公岛沙滩搁浅。翌日，伊东乘势率22艘战舰开展第三波攻势。双方炮战良久，日舰退去。6日，伊东故技重施，以5艘鱼

① 《中日战争》第1册，第189页。
② 《清光绪朝中日交涉史料》第31卷，第12页。

雷艇再次进港偷袭，击沉"来远"、"威远"和差船"宝筏"。7日，日舰队倾巢出动，发起第五次攻势，并改用左、右两翼攻击战术。

面对日军的攻击，北洋舰队在刘公岛、日岛炮台配合下，顽强抵抗，先后击伤日主力战舰"松岛"、"桥立"、"岩岛"、"秋津洲"、"浪速"5艘，但自己也伤亡300多人。而在此紧急关头，北洋海军的鱼雷艇队竟在左一雷艇管带王平率领下向西逃逸，结果不是被俘，就是搁浅，只有一艘侥幸逃至烟台。与此同时，刘公岛和日岛的清军炮台猛袭日舰，击伤"扶桑"、"筑紫"，日本海军第五次进攻受挫。但此时，刘公岛内守军因外援无望，局势险恶，人心浮动，丁汝昌已很难控制局面。

2月9日，日联合舰队发动第六次海上进攻。北洋海军"靖远"舰中炮搁浅，随即，丁汝昌下令将其炸沉，免资敌手。当此危殆之际，一些在舰队服务的洋员和清军官员暗地里策划投降。还在8日夜晚，英人泰莱、克尔克，德人瑞乃尔等约见威海卫水陆营务处提调牛昶昞、山东候补道严道洪建议投降，取得一致意见。9日凌晨2时，泰莱、瑞乃尔面见丁汝昌劝降，遭拒绝，丁表示他当自尽以"全众之命"。10日，右翼总兵、"定远"管带刘步蟾在决定自沉战舰后，悲愤自杀。11日晚，丁汝昌在内外交困的情况下吞食鸦片于翌日早晨身亡。

镇远舰管带林泰曾

丁汝昌死后，洋员和各将领推举护理左翼总兵、署"镇远"管带杨用霖（"镇远"管带林泰曾已于1894年12月18日因"镇远"触礁自认失职自杀）主持投降事宜。杨用霖严词拒绝，并口诵宋臣文天祥名句"人生自古谁无死，留取丹心照汗青"后开枪自杀。同时自尽殉职的还有护军统领、总兵张文宣（刘公岛陆上防军指挥）。在威海之战的最后关头，中国海陆军的高级将领誓不投降，集体自杀殉国，显示了他们高尚的气节。

在几经交涉后，2月14日，牛昶昞与伊东

祐亨共同签署了《威海降约》，威海失陷，北洋舰队覆灭。

北洋海军覆灭后，清军败局已定，日本始于2月16日、19日两次通知清政府可以商谈媾和，但派出的全权代表必须具有商谈朝鲜"独立"、赔款、割地、签订商约等四项权力，否则即使前来，亦属无益。

清廷遂任命李鸿章为议和全权大臣，并授予割地之权。1895年3月19日，李鸿章到达日本马关，日本则以总理大臣伊藤博文为谈判全权代表。3月20日，双方在马关春帆楼开始会谈。伊藤在谈判桌上盛气凌人，挑剔指责，意在先于气势上取得主动。李鸿章则低三下四，阿谀奉承，竟唱起"中日提携"、"共同进步"的调子。甚至胡扯什么中、日两国是"天然同盟"，"如两国将来能相互合作，则对抗欧洲列强，亦非至难之事"①。当时，战争还在进行，日军正在蹂躏中国领土，而李鸿章却不分形势，不择场合，在谈判桌上大谈"中日亲善"，卑躬屈膝，阿谀奉承，实有损国家尊严和外交使节的风度。

在提出了苛刻的议和条件后，日本唯恐会谈中口舌相争，拖延时日，引起列强干预。因此不许中方讨价还价，为使清廷谈判代表立即签字画押，伊藤博文一再强调："今日之事，希望迅速解决，以期完成此次重任"，"讲和谈判性质的本身，决定其必须迅速。平时因被处理事务之常规所束缚，有时或可多费时日。但如此非常重大之事件，则须尽速妥结，不可仅就细节斤斤计较，徒然拖延时日"，还声称："今日之事，只止于中、日两国之间，与其他国家毫无关系"，"发生于两国间之事，自由两国自行商议决定，岂容他国置喙"②。

会谈中，伊藤故意透露日本正进兵台湾，李鸿章竟幻想用英国可能干涉来打消对方的念头，说什么"贵国若占领台湾，英国将不能

日本议和代表、内阁总理大臣
伊藤博文

① 《蹇蹇录》第132页。
② 《日本外交文书》卷28，第1089号文件，附件2。

马关议和旧址——春帆楼

置之不理"。伊藤当即嘲笑道："利害攸关者并非英国，乃为贵国"。李鸿章又摆出台湾接近香港的"论据"，伊藤则不屑地反驳说："不论如何接近香港，而我方只攻击敌国"，并进一步蛮横宣称："不只限于台湾，贵国版国内之任何部分，如让割让时，任何国家无权加以拒绝"[①]。

清廷议和代表张荫桓被逐出长崎

1895年3月24日，中、日使节第三次会议结束后，李鸿章从春帆楼乘轿返回寓所，途中遇刺。一位谈判使节在交战国遇刺是极为罕见的事，这使日本政府非常狼狈，在外交上处于尴尬境地。日本害怕李鸿章因伤重回国，引起列强干涉，眼看到手的巨大利益可能鸡飞蛋打，故一面安抚李鸿章，除伊藤、陆奥亲往视疾外，日本天皇也特派御医、看护前往诊治、护理。同时，日本大本营召开紧急会议，商讨外交对策。陆奥宗光认为："内外形势，已至不许继续交战的时机。若李鸿章以负伤为借口，中途归国，对日本国民的行为痛加非难，巧诱欧美各国，要求它们再度居中周旋，至少不难博得欧洲二三强国的同情。而在此时，如一度引出欧洲列强的干涉，我国对中国的要求，亦将陷于不得不大为让步的地步"[②]。会商结果，在谈判策略上做了一些调整，即：接受中国的停火要求，撤回所提停火条件。3月30日，双方签订停战协定，规定在奉天、直隶、山东停战（台湾、澎湖不包括在内），双方军队各屯驻现在地方，互不前进。停战时间为21天，至1895年4月21日为止。日本做出的姿态立即在国际舆论上产生了影响，英国外交大臣表示欢迎，德国也称"非常赞成"。但"停战条款"并未使日本在军事上受到束缚，因为日本谋划下一阶段作战正需时间来调运军队，筹集饷械，何况条款还不影响在台、澎作战。另一方面，在外

① 《日本外交文书》卷28，第1089号文件，附件2。
② 《蹇蹇录》第137页。

清廷议和代表李经方

交上却让日本大大得分，从而扭转了因李鸿章遇刺而陷入的不利处境。

2.《马关条约》的签订

自1895年4月1日起，中日谈判进入第二阶段，由陆奥宗光与清方代表团参议李经方（李鸿章之子）会谈。日本提出媾和十一条，包括：承认朝鲜"独立自主"；中国割让辽东半岛、台湾、澎湖；赔偿军费3亿两；开放北京、沙市、湘潭、重庆、梧州、苏州、杭州七个通商口岸；日本人在中国开设工厂等内容。这个媾和条约稿本条件十分苛刻，不但割地面积大，赔款数目多，而且还有其他多项利益掠夺。清廷获知媾和条件后，主战、主和两派意见分歧，争执甚烈。翁同龢反对割地，孔毓汶则言"战"字不能再提。正于病中的奕䜣也附和主和派的意见。

清政府对和约的内容争论不休，一时未有决定。4月5日，李鸿章遂以"说帖"形式答复日本，对割地、赔款、通商三事进行驳议。并于9日提出一个修正案，大体内容是：割辽东之安东、宽甸、凤凰城、岫岩四厅、州县及澎湖列岛；赔款白银一亿两；在通商上给予日本最惠国待遇。日本所提媾和条件本是漫天要价，连他们自己也估计不会全部兑现。因此，在4月10日第四次会谈时，伊藤对中方修正案提出"再修正"，即割地在辽东略有减少（自鸭绿江下游至凤凰城，海城、营口一线以南），赔款减至2亿两，通商口岸由七处减至重庆、沙市、苏州、杭州四处。虽然"所减有限"，却不容中方再提意见，声称："两言而决，能准与不能准而已"[①]。李鸿章急电清廷道："伊藤十七晚送到'衰的美敦书'（即最后通牒——引者注），词已决绝，无可再商"[②]。清政府在日本威逼下，早已丧魂落魄，惶恐无计，只得于4月14日授

---

① 《李鸿章全集》电报六，第100页。
② 《李鸿章全集》电报六，第103～104页。

马关条约签字现场图

权李鸿章签约。4月15日下午，中、日举行第五次会议，李鸿章再次婉言求告，希望在赔款、割地上"总请少让，即可定议"。而伊藤方针已定，不肯松动，声称"已尽力让到尽头"。此次会议历时五小时，最后，清政府完全屈从日本的苛酷条件。1895年4月17日（清光绪二十一年三月二十三）上午，中、日召开第六次会议，《马关条约》正式签署。4月18日，李鸿章一行登陆回国。5月2日，惨淡忧伤、百般无奈的光绪皇帝不得不批准条约。据翁同龢日记所记，当光绪帝下谕拟旨时，"书斋入侍，君臣相顾挥涕"[③]。

3. 列强干涉与日本反干涉

中、日在马关的谈判，举世瞩目，除两个交战国外，圣彼得堡、伦敦、巴黎、柏林和华盛顿，都在密切注视。西方列强需要根据谈判的结果来采取对策，以便最大限度地维护自己在中国和东亚的利益。

1895年2月1日，沙皇尼古拉二世召开第二次大臣特别会议，专门讨论远东危机。会议得出三点结论：（一）、增强俄国太平洋舰队的力量，以压制日本

俄国财政大臣维特

俄国皇帝尼古拉二世

① 《翁同龢日记》第34册，第36页。

海军；（二）、同英国和其他欧洲列强（主要是法国）达成协议，一旦中日和约危及俄国利益，就"对日本施以共同压力"；（三）、如果不能与英国及其他列强达成协议，则根据形势发展再开会讨论进一步的行动方式。

4月初，日本公布媾和条件，俄国政府反应强烈。4月11日，俄国再次召开特别会议。会上，重臣们意见不一。皇叔阿列克赛·亚历山德洛维奇亲王提出"必须与日本保持良好关系"。而财政大臣维特则认为日本的敌对行动主要是针对俄国的，他判断"迟早我们一定会与日本人发生冲突"，因此主张："我们不能容许日本占领南满，假使不能履行我们的要求，我们将采取适当的措施……如果有战争的必要，我们就坚决行动。如果出乎意料之外，日本对我国外交上的坚持置之不理，则令我国舰队不必占据任何据点，即开始对日本海军作敌对行动，并袭击日本港口"[①]。会议最后作出结论："先以友谊方式劝告日本放弃占领满洲南部，因为此种占领破坏我们的利益"，如日本拒绝，就宣布"保留行动自由"，同时正式通知欧洲列强和中国，俄国"认为必须坚决主张日本放弃占领满洲南部"[②]。

4月17日，俄国外交部正式要求德、法、英三国支持它就日本割让辽东半岛的要求提出抗议。英国表示要继续奉行不干涉政策，随后其内阁会议又认为"英国今后行动，必须顾及日本"，拒绝参加联合干涉。德、法两国则给予肯定答复，德国之所以同意联合干涉，是因为它意识到，日军的胜利已打破了列强在华的利益分配，德国如再持观望态度，很可能在一场权益再分配的过程中一无所获。同时，德国也希望通过在远东与俄国合作，把俄国的视线引向东方，以减轻自己在欧洲的压力。法国则是俄国的盟友，法、俄之间刚刚签订了一项针对德国、意大利和奥匈帝国的军事协定，它参加由俄国发起的共同干涉方案自然是题中应有之义。

4月23日下午，俄、德、法三国驻日公使同时至日本外务省，面见日本外务次官林董，对辽东半岛的割让提出异议，并各自提出备忘录。德国驻日公

---

① 中国近代史资料丛刊《中日战争》第7册，第315~316页。
② 中国近代史资料丛刊《中日战争》第7册，第318页。

使哥屈米德甚至在宣读备忘录前威胁道："同三国开战，对日本乃是无有希望之事"①。

日本在三国干涉启动后，于4月24日在广岛召开御前会议，商议对策。经反复讨论，与会者（包括总理伊藤博文、陆军大臣山县有朋、海军大臣西乡从道）认为，不能拒绝三国"劝告"，因为陆军精锐几乎全部都在华作战，海军主力又派往澎湖，"国内海陆军备殆已空虚"，而且经长期作战后，军队和军需"已皆告疲劳、缺乏"，不仅无法与三国在远东对抗，"即单独对抗俄国舰队亦无把握"②。翌日，伊藤又赶到舞子与生病的外相陆奥宗光及大藏大臣松方、内务大臣野村会晤，决定把对中国与对俄、德、法三国的态度截然分开，即"对于三国纵使最后不能不完全让步，但对中国则一步不让"③。根据这两次会议的精神，日本在外交上展开了紧张的反干涉活动。

日本的反干涉活动主要是从两个方面着手，一是分化干涉国，二是拉拢其他"强援"。林董分别会见德国、法国公使，表示和约不会妨碍他们的商业利益。同时，日本驻俄公使西德二郎也向俄国外交大臣保证，决不允许因割地而使俄国利益蒙受损失。但三国不为所动，分化三国的计划终于落空。

同时，日本还力图拉拢英、美、意组成反干涉联合阵线。对拉拢英国尤为重视，一面命令驻英公使加藤向英国说明"俄国觊觎满洲东北及朝鲜北部"的意图已十分明显，同时强调"日本政府承认英国利益超过其他欧洲国家利益之事实"④。又电示驻美公使栗野慎一郎转告美国政府，表示日本很难放弃辽东半岛，"切望美国给予友好援助"。但英国明确表示了不参加反干涉行动的意向，美国也仅做出"只要与美国之局外中立不相抵触，将援助日本国"的空头承诺⑤。只有意大利表态比较积极，甚至表示"在必要时，意大利可将其军

① 《日本外交文书》卷28，第2册，第18~19页。
② 《蹇蹇录》第158页。
③ 《蹇蹇录》第160页。
④ 《日本外交文书》卷28，第710页。
⑤ 《日本外交文书》卷28，第2册，第43页。

舰派往远东"①。但意大利在欧洲列强中显然缺乏号召力，它不可能担当反干涉行动的主角。4月29日，英国政府正式答复日本说："英国对日本抱有最诚笃之友情，同时亦不能不考虑本国的利益。因此，不能应日本之提议，而援助日本"②。这一表态宣布组织反干涉联盟幻想的彻底破灭。4月30日，日本内阁会议决定放弃辽东半岛，但保留金州厅（包含重要军港旅顺）。对日本这个讨价还价的方案，俄国表示断然反对，并与德、法两国取得一致意见，遂通知日本："坚持最初之劝告，决不动摇"。同时，三国又在军事上施加压力：停泊在日本港口的军舰昼夜升火，随时准备起锚；俄国还在海参崴实行"临战地区戒严令"。德、法在远东的海军也加强了戒备，战争大有一触即发之势。日本在外交上既无转圜余地，军事上更非三国对手，眼前只有对三国屈服一条路可走。5月4日，日本在京都召开内阁及大本营重臣会议，决定完全接受三国的"劝告"，但不言及交还辽东半岛的条件，以保留外交上的主动。5月5日，陆奥分别训令驻俄、德、法三国公使照会驻在国政府，表示"约定放弃对辽东半岛之永久占领"。另外，还附有两条口头声明，即保留向中国要求报酬之权和暂时占领该半岛不变。

日本被迫对俄、法、德三国妥协后，急忙采取行动对澎湖列岛、"台湾全岛及所有附属各岛屿"进行事实上的占领。5月10日，即任命桦山资纪为台湾总督兼军务司令官。5月29日，日本军舰开始炮击基隆，并从基隆以东的澳底登陆。同时，其南进舰队就势占领基隆以东偏北186公里的钓鱼列屿。

钓鱼岛等岛屿（即钓鱼列屿）自古以来就是中国的领土。早在14世纪，中国人就发现了钓鱼列屿。明治维新前，日方记载也认可钓鱼岛归属中国。1885年，日本商人古贺辰四郎曾非法登上钓鱼岛，企图将其据为己有，这引起了中国有识之士的警惕。1885年9月6日（光绪十一年七月二十八），上海《申报》以"台岛警信"为标题刊登消息，揭露日本"大有占据之势"的图谋。当时，日本政府因羽翼未丰心存忌惮。10月21日，日外务卿井上馨致函内务

⑥ 《日本外交文书》卷28，第719号。
⑥ 《日本外交文书》第728号。

卿山县有朋，认为"近时清国报纸刊登我政府占据台湾附近清国所属岛屿之传言，对我国怀有猜疑"，因此主张暂停"立界、开拓之事"，"当以俟诸他日为宜"。①

甲午战争爆发后，日本获得了攫取大片中国领土的机会，夺取钓鱼岛自然在图谋之域。1895年1月21日（另一说为14日），日本内阁秘密通过决议，将中国领土钓鱼岛偷偷据为己有，但并未对外公布。随着日本海军南下占领台湾，钓鱼岛终被日本霸占。②

《马关条约》签订的消息传出后，遭到中国各阶层的强烈反对，要求废约、备战的呼声震撼中华大地。清政府在万般无奈中，只有寄希望于列强干涉，甚至电令驻俄公使许景登，向俄国许诺："倘真用兵后，中国愿与俄立定密约，以酬其劳。"③ 三国干涉还辽，激起了清廷上下的某种希望，他们幻想借助欧洲列强的力量，采取拖延换约的手段，达到废止《马关条约》的目的。但俄、德、法三国干涉的目的是为了维护自己的在华利益，对清廷"得陇望蜀"的心态颇不以为然。他们表示，批准条约"是不可避免的"。5月8日，清政府被迫在烟台与日本代表如期换约，《马关条约》遂正式生效。10日，明治天皇发布诏书，宣布接受三国"劝告"，放弃占领辽东半岛。

4. "三国干涉还辽事件"是东亚国际关系的转折点

当然，辽东半岛的"交还"不是无条件的。6月4日，日本内阁议定要索取库平银一亿两作为"赎金"，但估计三国很难接受，就自行削减至5000万两，最后几经讨价还价，减至3000万两。而清政府则希望减至1500万两至2000万两之间。对此，俄国外交副大臣基斯敬直截了当地告诉中国驻俄公使许景澄："此

---

① 《日本外交文书》第十八卷。
② 1943年的《开罗宣言》规定，日本应将其侵占的台湾等地"归还中国"。1945年《波茨坦公告》规定：《开罗宣言》之条件必将实施。1945年8月15日，日本宣布接受《波茨坦公告》无条件投降后，各种国际文件均明确指出，台湾及其周围岛屿归中国所有。但是，日本政府却以钓鱼岛归冲绳县管辖为借口，将其私自交给美国托管。1971年，美国又将钓鱼岛的"行政管辖权"私相授受，"归还"日本。
③ 转引自中国近代史资料丛刊《中日战争》第4册，第16页。

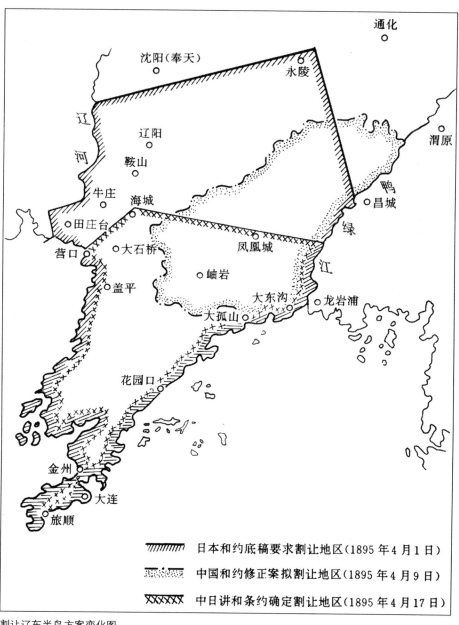

割让辽东半岛方案变化图

图例：

- ////////// 日本和约底稿要求割让地区（1895 年 4 月 1 日）
- ————— 中国和约修正案拟割让地区（1895 年 4 月 9 日）
- XXXXXXX 中日讲和条约确定割让地区（1895 年 4 月 17 日）

数（指3000万两——引者注）业经三国会议减定，日既复允，碍难再与商减"。清政府自讨没趣，只好作罢。11月8日，中、日在北京签订《辽南条约》六款，规定日本将"奉天省南边地方""永远交还中国"，中国则向日本交付库平银3000万两作为"酬款"。三国干涉还辽，让清廷中"联俄"舆论甚嚣尘上，清政府甚至不惜牺牲更多权益去追求俄国的"友谊"。实际上，所谓"收回"辽南仅仅是转手而已，狼离前门，虎进后门。《辽南条约》墨迹未干，辽东半岛已置于沙俄的控制下了。

三国干涉还辽事件在远东国际关系变化上也是一个转折点：俄、法加强了他们的同盟关系，德国则积极投入东亚的角逐，英国更加支持日本以抵制俄国，日本则以此事件为奇耻大辱，遂迅速开始以俄国为假想敌的扩军备战计划。面对共同的争霸对手，英、日关系愈加密切，终于导致了日、英同盟的形成，同时，日俄战争的爆发也就势不可免了。

第八章

沉沦中的觉醒
与光环下的隐忧
——战争影响之比较

一、对中国的影响

甲午战前，清政府统治下的中国，虽然经历了鸦片战争、第二次鸦片战争、中法战争的战火，签订了《南京条约》、《天津条约》、《北京条约》、《中法越南条约》等不平等条约，但通过办洋务、建海军以及收复新疆之役（1876～1878）、镇南关大捷（1885）等军事上的胜利，清政府仍给人一种尚具一定实力的假象。一些官僚、士大夫甚至虚骄自大，盲目乐观，自以为国力远在日本之上，有人竟自我吹嘘说："倭不度德量力，敢与上国抗衡，实以螳臂挡车。以中国临之，直如摧枯拉朽"①。西方列强对清政府实力的估计也是偏高的，中法战争结束时，法国新任外交部长法莱西纳曾这样估计亚洲形势："亚洲现在是在三大强国手中——俄国、英国和中国，而我们就是第四个"②。在这位法国外长眼中，当时的中国仍是"亚洲三强"之一。甲午战前，列强普遍认为中国军事力量，特别是在人口和土地面积上要强于日本，一旦两国发生战争，对最终胜利希望的估计是"中国七，日本三"③。但甲午战争的结果，彻底改变了人们的看法，国际和国内舆论普遍认为清政府已病入膏肓，中国国力的孱弱已暴露无余，将面临瓜分的危机。一个英国人断言："中国非崩溃不可"！

1. 中国面临被瓜分的危机

鉴于甲午战后的形势，列强都心急火燎，唯恐因动作迟缓而成为一桌丰盛筵席上迟到的客人。俄国《新闻报》从1895年1月起，就竭力鼓吹利用"大好时机"，"干净利落地解决中国问题，由欧洲有关的几个主要国家加以瓜分"④在华有切身利益的英国资本家集团——"中国协会"也慌张起来了，在1895年11月4日该协会的宴会上，有人建议：如果日本占领台湾，英国就应占领澎湖列岛；如果俄国进入旅顺湾，英国就应该有舟山群岛作补偿⑤。该协会总委员会主席威廉·克锡强调，他们所代表的"巨大利益集团"对"中国在日本面前显示出的巨大的崩溃"不能漠不关心。伦敦《每日新闻》发表文章，鼓吹与俄、法"商定各国接管的范围"，"英国应索取从华南珠江到华北山东省南部之间的全部地区"⑥。

清政府在甲午战争中的惨败，无疑进一步刺激了列强掠夺中国的贪欲。而"三国干涉还辽"事件则成为19世纪末帝国主义列强掀起的瓜分中国狂潮

---

① 王炳耀：《甲午中日战辑》第9页。

② 转引自丁名楠等：《帝国主义侵华史》第1卷，第264页。

③ 小林一美、吉尾宽：《日本关于日清战争的资料、研究、评论和国民意识的评价》，见《东岳论坛》1985年第3期。

④ 鲍·亚·罗曼诺夫：《日俄战争外交史纲》（1895～1907）第1部，第34页，1955年俄文版。

⑤ 转引自伯尔维茨：《中国通与英国外交部》第224页，商务印书局，1959年版。

⑥ W. A. Pickering, Pioneering in Formosa, 1898.

的开端。

"三国干涉还辽"后，作为主角的沙皇政府以中国的"恩人"自居，积极谋求"报偿"。俄国阿穆尔沿岸地区总督和草原总督都建议向清政府提出"特殊要求"：兼并斯列坚斯克至布拉戈维中斯克的铁路线以北的中国领土；修改乌苏里边界（松花江口包括在内）；修订1881年《彼得堡条约》的各项规定；把巴尔里克山割让给俄国；全面更改谢米列奇耶省和塞米巴拉金斯克省的全部边界①。俄国财政大臣维特胃口更大，在他看来，"占领满洲不是俄国的最终目的，俄国应分得这个中国巨人的大部分，因为迟早它将成为欧洲外来人的猎物"②。

另外两个"干涉还辽"的参与者——德国和法国在索取"酬劳"上也不甘落后。法国于1895年6月20日胁迫清政府签订了界务和商务协定。德国作为侵华列强中一位姗姗来迟的"客人"，其攫取权益的欲望显得更加急迫，它把眼睛盯着厦门和山东东部地区。

1896年5月，沙皇尼古拉二世将举行加冕典礼，俄国决定利用这一时机来实现自己的图谋。于是指名李鸿章为专使赴俄"致贺"。清廷立即照办，以李鸿章为"钦差头等出使大臣"，一面赴俄参加加冕典礼，一面出使英、法、德、美四国，"联络邦交"。

1896年3月27日，李鸿章一行从上海乘坐法国公司轮船出发，沙皇特派亲信乌赫托姆斯基（时任华俄道胜银行董事长）迎于苏伊士运河。4月27日，李鸿章到达敖德萨，受到国宾礼遇。30日，抵俄国首都圣彼得堡。5月3日，俄国财政大臣维特与李鸿章举行正式会谈。会谈中，维特打着"维护中国领土完整"的旗号，宣称必要时可以"以武力帮助中国"，接着便和盘托出了铁路计划："余以为保持大清帝国之完整，须由俄国筑成经过满、蒙北部而达海参崴之铁路"③。翌日，沙皇在官内接见李鸿章，又亲自谈到铁路问题，据

---

① 鲍·罗曼诺夫：《俄国在满洲》，中译本第89页。
② 转引自《帝国主义在满洲》第36页，商务印书局1980年版。
③ 转引自王芸生《六十年来中国与日本》，第3卷，第106页。

列强瓜分中国时局图

李的报告说："彼谓我国地广人稀，断不侵占人尺寸土地。中俄交情最密，东省接路，实为将来调兵捷速。中国有事，亦便帮助，非仅利俄"①。5月9日，俄国外交大臣罗拔诺夫在外交部设晚宴招待李鸿章，维特出席作陪。交谈中，由铁路问题进一步涉及到签订军事盟约的考虑。据李鸿章发回密电透露，俄方提出："中国设预急难，俄必为助；反之亦然。惟最要之点，接修铁路须经过满洲，一经国会批准，密约即可成立"②。5月14日，李鸿章致电总理衙门，力促清政府同意签约。据称，"维特答应他，如果建筑铁路一事顺利成功，将付给他李鸿章三百万卢布"③。5月19日，李鸿章由彼得堡抵莫斯科，参加加冕典礼，26日礼成。不久，北京发出认可密约的训令，双方遂于6月3日在俄国外交部举行签字仪式。

《中俄密约》（亦称《御敌互相援助条约》）全文共6款，主要内容是：如日本侵占俄国、中国、朝鲜土地，即照约办理；两国"应将所有水陆各军，届时所能调遣者，尽行派出，互相援助，至军火、粮食，亦尽力互相接济"；两国"协力御敌"，未经公商，一国不能独自与敌议和；开战时，中国所有口岸均准俄国兵船驶入，如有所需，地方官应尽力帮助；中国允于黑龙江、吉林地方，接造铁路，以达海参崴，俄不得借端侵占中国土地；俄国禦敌时，可使用所开铁路运兵、运粮、运军械。平常无事，俄国亦可用此铁路运过境之兵粮。

根据密约规定，中俄于1896年9月8日签订《合办东省铁路合同章程》，规定由华俄道胜银行建造、经营此铁路，另立"中国东省铁路公司"，铁路限6年完成，铁轨宽窄应与俄铁轨一致。该公司的地段，一概不纳地税，转运、搭客及货物所得票额均予免税；俄国陆海军及军械过境，均享免费权利；俄国货物由东省铁路运入或运出，减低进出口税的1/3，若运往内地，只交子口税，过关卡不许重征；36年后，中国政府有权给价收回，所用本银及利息照数偿还。80年后，铁路全权移交中国政府，"勿庸给价"。这条铁路名义上是中俄合办，

---

① 《清季外交史料》卷一二一，第5页。
② 转引自《六十年来中国与日本》）第3卷，第109页。
③ 《俄国在满洲（1892~1906年）》。

实际上"中东铁路公司"由俄国财政部直接控制，俄国还取得了铁路沿线附近地区的经营管理及军警护路权、森林采伐权、采矿权、土地开垦权及在中国境内的立法、司法、行政、文化教育等特权。一位西方学者评论道："中东铁路是在中国疆域内建立的俄罗斯帝国。满洲的铁路区域以及邻近铁路和兼并入该地带的广大土地，完全受俄国政治和经济的控制。在这个区域，是俄国的法律和俄国的法庭在发生作用，警察和武装力量掌握在俄国人手中……俄国人利用铁路为基地，力求迅速将它的经济渗透向满洲推进"[1]。

东省铁路管理局

《中俄密约》大量出卖国家主权，少数知情的枢机重臣亦感到震惊。翁同龢在6月14日的日记中就感慨万分："开银行事，此事与铁路牵连，百方饸我，可恨，可叹！"[2]虽签约双方对密约均守口如瓶，但各种传闻、揣测颇多，尽管不少传闻走样，密约出卖国家主权的实质却无法掩盖，因而遭到普遍反对，河南巡抚刘树棠就上奏说："中俄密约，于彼有利，于我大害"[3]。而密约的签字者李鸿章竟以此自得，甚至吹嘘说，条约可保"二十年无事"，真是痴人说梦，自欺欺人！所谓"二十年无事"的神话，仅仅过了一年多就被德国强占胶州湾，沙俄强占旅顺、大连的侵略行动击得粉碎。

德国为谋求"干涉还辽"的"报偿"，于1895年10月29日就向清政府提出了在中国沿海取得一个军港和"储煤站"的要求。1896年6月，李鸿章访问柏林时，德国外长马沙尔再次强调"占有一个军港乃德国所绝对必要"，他们选择了内湾宽深、外口窄束、口门依山为险、气候严冬不冻的天然良港胶州湾

① 哈里·施瓦茨：《沙皇、满洲人、俄国委员们——中俄关系史》，英文版第83页。
② 《翁文恭公日记》卷三五。
③ 《清季外交史料》卷一二五，第13页。

（今山东青岛）。11月29日德皇威廉二世与大臣们商议后决定占领胶州湾。12月16日，德国驻华公使海靖正式向总理衙门提出租借胶州湾50年，遭到拒绝。德国决定施加武力威胁，但需要一个借口。

1897年11月4日，两个德国传教士在山东曹州府巨野县城被杀，这一事件的发生正中德国政府的下怀。德皇威廉二世表示，他将抓住这个机会立即伸出"铁拳"："我现在坚决放弃我们原来过分谨慎而且被东亚认为是软弱的政策，并决定要以极严厉的，必要时并以极野蛮的行为对付华人，以表示德皇不是可以随便开玩笑的，而且和他为敌并不好玩"①。获悉"巨野事件"的当天（11月6日），威廉即准备将碇泊于吴淞口的德国舰队开赴胶州湾。俄国则表示如德国舰队进入胶州湾，他们也将派军舰去。而威廉不为所动，他相信俄国不会为胶州湾对德作战。11月14日，3艘德国军舰（"凯撒号"、"韦尔默亲王号"、"高莫郎号"）入侵胶州湾，并登陆占领了这个中国港口。15日，德皇主持高级会议，决定以"租借"形式永久占领胶州湾。为换取英国的支持，德国表示愿意在非洲对英做出让步。11月17日，英外交大臣明确表示，英国对德国插足中国海岸没有疑虑。对于俄国，德国也不想完全闹僵，因为他还想借助其对清廷施加影响。11月20日，威廉二世通知尼古拉二世，表示支持俄国在欧、亚的政策；承认俄国在朝鲜、中国北部（包括北京）的势力范围；还保证不限制俄国船只赴胶州湾。俄国眼见继续对峙徒劳无益，也就顺水推舟，于当日撤销了向海军舰队发出的命令，德、俄矛盾逐渐缓和。

11月20日，德国驻华公使海靖向清政府提出6条要求，包括撤换山东巡抚、惩凶、赔偿损失、中德合资修筑山东铁路及开矿等。清政

德国山东总督府原址

---

① 孙瑞芹编译：《德国外交文件有关中国交涉史料选译》第1卷，第145页。

府则坚持先撤军，后谈判。而沙俄在调整了与德国的关系后，掉过头来向清廷施加压力，终使清政府不得不于12月16日派翁同龢、张荫桓与海靖谈判，并被迫接受了这些苛刻条件。1898年3月6日，李鸿章，翁同龢与海靖在北京签订了《胶澳租界条约》，主要内容是：清政府把胶州湾租给德国，租期99年；中国在胶澳海岸周围100华里内有"自主之权"，但德军可以自由通行；德国可以在山东境内修两条从胶州到济南的铁路，铁路沿线30华里内允许德国人开矿；清政府如需借助外国在山东开办工程，应优先考虑德国商人。

从此，山东成了德国独占的势力范围。德国的行动吹响了列强瓜分中国的疯狂号角。

"胶州湾事件"使沙皇俄国感到它在中国北方占领一个不冻港是刻不容缓的事了。在得到德国军舰开进胶州湾的正式消息后，俄国外交大臣穆拉维约夫提出了一份备忘录，声称："鉴于德国人已占领了青岛，我们占领某个中国港口的大好时机来到了"。俄皇于11月26日召开御前会议讨论这份"备忘录"，穆拉维约夫又在会上强调："这样一次占领——更正确点说是'夺取'——非常及时，因为对俄国来说，最好在远东太平洋上有一个港口，而旅顺口和大连湾两处，就其战略地位来说有很大意义"[①]。1897年12月14日（一说16日），俄国舰队以"防英抗德"为幌子，驶入旅顺港。1898年3月3日，沙皇政府正式提出

日俄战前旅顺口

租借旅顺、大连和建筑东省铁路支线到黄海海岸的无理要求，并限五日内答复。在期限最后一天，清政府被迫在北京与俄国签订了《旅大租地条约》。5月7日，又在彼得堡签订了《续订旅大租地条约》。这两个条约的主要内容是：清政府把旅顺口、大连湾及附近水面租给俄

---

① 谢·尤·维特：《俄国末代沙皇尼古拉二世——维特伯爵的回忆》，中译本第104~105页。

国25年，期满可"相商展限"；租地以北，划出一段"隙地"（即中立区，几乎包括除租地外的整个辽东半岛），非经俄方同意，中国军队不得进入，且不得让与他国；允许俄国从东省铁路干线修筑一条至旅顺、大连的支线。俄国强租旅、大的结果，使得它的势力范围扩展到整个东北地区。1899年，俄国还擅自把租借地改为"关东省"，设总督进行殖民统治。

"干涉还辽"的另一个成员法国面对德、俄的强势出手，也不甘落后。还在1897年，它就要求清政府保证"在任何情况下，不以任何形式将海南岛及广东对岸土地让与其他国家"①。清政府口头应允，但拒绝以正式公文答复。1898年3月13日，法国驻华代办占班又向总理衙门提出四条要求。4月10日，清廷被迫同意如下条件：中国不割让或租借邻近越南诸省（按：指滇、桂、粤三省）给其他国家；允许法国或由它指定的公司修筑越南边界至云南昆明的铁路；中国若设邮政局并派大臣管理时，须聘请法国人；中国允许把广州湾租借给法国，租期99年。1899年11月16日，法、中正式签订《广州湾租借条约》，规定租界内全归法国管辖，并可修筑广州湾赤坎至安铺的铁路，并可敷设电线。这样，两广和云南成了法国的势力范围，法国还想进一步向四川渗透。

驻扎广州湾法国兵

德、俄在华抢占海军基地的行动让英国心急如焚，遂迅速作出反

英国占领下的威海卫

---

① 施阿兰：《使华记（1893~1897）》，中译本第148页。

应。英国政府立即命舰队驶向威海卫。1898年4月3日，清政府被迫同意把威海卫租给英国，期限直到俄国把旅顺口归还中国时为止。

列强以"租借"形式强占中国领土的行径，恰恰是从参与干涉"还辽"的国家开始的，这无疑是个绝妙讽刺。连德国驻华公使施阿兰也不得不羞答答地承认："由于德国开了头，以及中国所表现的极其懦弱的姿态，所有强国无不张牙舞爪地竞相向这块猎物扑过来。最严重的是其中三国，是在马关条约以后，曾参与维持中国领土完整的国家……结果租借给俄国的港口，恰好是旅顺口，它是俄国曾经会同法国与德国，友好地劝告日本归还给中国的。这是对一八九五年政策的最明目张胆的违背"[①]。

除赤裸裸地强占领土外，甲午战后，列强还在经济上加紧了侵略步伐。其主要表现是采取政治贷款的新形式，这种政治贷款不仅使列强通过输出资本榨取最高利润，而且利用债权人的地位左右清廷财政，控制中国海关。

《马关条约》规定中国要偿付2亿两白银的巨额赔款，分8次交付，前两次1亿两应在条约批准后一年内交付（在交清第一次赔款5000万两后，余款每年要付5%的利息），以后又加上3000万两"赎辽费"，限半年付清。当时清政府全年财政收入还不足8000万两，要在国内筹集这笔庞大款项无论如何是做不到的，唯一的办法就是筹借外债。

列强深知，谁控制了对华贷款，谁就能进一步巩固并扩大在华的势力。1895年4月，赫德向清政府建议向英国借款，因俄国反对而作罢。5月11日，俄国财政大臣维特向清廷驻俄公使许景澄表示愿借款1亿两，法、德也分别表示了类似意向，清政府谁也不敢得罪，遂决定分别向三国贷款。沙俄虽心有不甘，但毕竟心有余而力不足，只得与法国合作承揽了清政府战后的第一笔借款。

1895年7月6日，俄、法《四厘借款合同》（又称《俄法洋款合同》）在圣彼得堡签字，借款总额为4亿金法郎，年息4厘，分36年偿还。其中俄国出资1.5亿法郎，法国出资2.5亿法郎。此外，又签订了《四厘借款声明文件》，规定，

———————————

① 施阿兰：《使华记（1893~1897）》，中文版第198页。

若中国到期不能偿付应还本利时，可由订约之俄、法银行团垫付，条件是中国应许俄国"以别项进款加保"，清政府不许别国"办理照看税人等项权力"。

为落实《四厘借款合同》，俄、法决定联合举办华俄银行，以控制中国财政金融。1895年12月5日，

华俄道胜银行

俄、法签订华俄道胜银行章程，该银行对中国财政金融业具有广泛权力，如办理课税缴纳、支付清政府公债利息，承受公债发行和股票发行，经理铁路设置，经清政府许可后可发行货币及兑换券，俨然以中国国家银行自居。华俄道胜于1895年12月在圣彼得堡设立总行，之后又在上海、北京、天津设立分行。在沙俄拉拢下，1896年，清政府入股500万两白银，为该行挂上一块"中俄合办"的招牌，实际银行董事会没有一个中国人，清政府毫无权力可言。

俄、法借款引起英、德强烈不满，英国驻华公使甚至以"不惜诉诸武力"相威胁，迫使清政府答应在第二次借款时优先考虑英、德。1896年3月23日，清廷与英国汇丰银行、德国德华银行正式签订《英、德洋款合同》（又称《英德借款详细章程》），共借款1600万英镑（折合白银约9700余万两），年利五厘，九四折扣，以海关收入为担保，借款期为36年，中国不得加项归还，不得一次还清。

清政府虽然举借了两大笔外债（折合白银2亿两），但由于经手人的回扣、佣费以及官僚们的贪污、挥霍、挪作别用，实际用于偿付赔款的外债只有15700余万两，尚欠对日赔款7000余万两，再加上常年应还俄法、英德两项借款的本息和其他支出，每年增加的开支不下2000万两，这使清政府的财政濒临全面崩溃的边缘。因而迫使清廷不得不再次举借大笔外债。

英、俄为争夺新的贷款权进行了激烈较量，它们分别向清政府提出了苛刻的借款条件，企图从政治上、经济上一举控制中国。双方剑拔弩张，各不

相让。1898年1月15日，俄国驻华代办巴甫洛夫警告总理衙门不得向英国借款，并威胁说"不借（俄款）即失和"[①]。两天后，英国财政大臣希克斯·比奇也声称：英国将不惜以战争来保持它在华的贸易地位。清政府于两强之间腹背夹击，左右为难。最后只能于2月3日通知英、俄，决定不向两国借款。而英国政府并不罢休，竟无理要求给予"补偿"，结果清政府被迫同意英国船只，可在中国内河自由行驶，并保证不把长江流域让与他国。借款未成，反而丧失了许多权益。

眼看偿付赔款的日期逼近（应于1898年5月8日偿清），日本不允延期，对内发行"昭信股票"的办法也遭失败，几经周折后，清政府与汇丰银行、德华银行于3月1日正式签订《续借英德洋款合同》，借款总额为1600万英镑（约合1亿两白银），年利四厘五，八三折扣，分45年还清，自1898年3月1日起债。此借款的附加条件是45年内，中国海关由英国控制；并以关税、货厘、盐厘作担保。

"俄法借款"和两次"英德借款"都是政治性大借款，通过借款，英、俄、法、德等西方列强不仅榨取了巨大的经济利益，控制了中国的经济命脉，也扩张了在华的政治势力，取得了许多特权。从1895年至1898年三年中，英、德、俄、比等国先后向清政府提供了7笔铁路贷款。1897年7月27日，比利时在俄、法支持下与清政府签订了芦汉铁路（芦沟桥至汉口）借款合同，俄、法把这件事称为"决定性战役"，因为芦汉铁路贯穿中国南北，控制了这条铁路干线，就可以把触角深向长江流域，将来还可以向广东延伸，直达中国南大门。这种局面自然为英国所不容，为削弱芦汉铁路的作用，英国决计取得一条与芦汉铁路平行的铁路（即津镇路）的修建与控制权。这条津镇路（天津至镇江）须经山东，所以英国谋求与德国妥协。1898年9月，英、德达成了瓜分中国路权的协定，并划定了双方在华的铁路投资范围。1899年4月，英、俄也通过互换照会的形式达成瓜分中国路权范围的协议，英国答应不把自己的势力伸入

① 《翁文恭公日记》）第37册，第3页。

到长城以北，俄国则保证不染指长江流域。

对于铁路借款带来的恶果，当时一些有识之士曾有中肯评论。《国闻报》上发表文章说："中国芦汉一路，既暗受俄人之挟制，势不能因英人之请而开罪于俄人。但英人又不肯从此干休，则将来不免另指一路与英商承办，以为平均权利之议。如果计出于此，则大河以北俄主之；大河以南英主之；而其中纷歧错出之处，英、俄、德、法各国又同主之。则中国之铁路，均属西人之铁路，路成而中国亦遂不国矣"[①]！

甲午战后，列强还根据《马关条约》中允许在中国通商口岸"任便从事各项工艺制造"的条文，纷纷援引"最惠国条款"，在华投资设厂。据有关统计，从1896年至1898年三年间，外资在华设厂计15家，总资本为766.7万元，分别从事矿冶、机器造船、纺织、食品等行业，这些外资企业依仗所获特权，利用中国的廉价原料与劳动力，排挤、打击中国民族工业，力图独霸中国市场。

总之，在甲午战后的几年之内，中国进一步陷入了半殖民地的深渊，出现了空前严重的民族危机。

2. 中华民族的觉醒

甲午战争的失败给中华民族带来的灾难是如此深重，给中国人带来的创痛和震动又是如此之刻骨铭心，亲身经历的人，尤其是对时局最敏感的爱国知识分子无不为之痛心疾首。维新志士谭嗣同（1865～1898）述及自己当时感受时，曾说："及睹和议条款，竟忍以四百兆人民之身家性命，一举而弃之。大为爽然自失"[②]，遂有悲愤填膺之

谭嗣同

---

① 中国近代史资料丛刊《戊戌变法》第三册，第393页。
② 《谭嗣同全集》上册，第153页，中华书局1981年版。

叹：“四万万人齐下泪，天涯何处是神州？”① 我国近代著名启蒙思想家严复（1854~1921）在给朋友的信中也写道：“大抵东方变局不出数年之中”，“尝中夜起而大哭，嗟夫，谁其知之？”② 无产阶级革命家吴玉章（1878~1966）在回忆录中曾这样表述自己当时的心情（当时他仅17岁）：“我还曾记得甲午战败的消息传到我家乡的时候，我和我的二哥（吴永锟）曾经痛哭不止”，《马关条约》签订了，“这真是空前未有的亡国条约！它使全中国都为之震动。从前我国还只是被西方大国打败过，现在竟被东方小国打败了，而且失败得那样惨，条约又订得那样苛，这是多么大的耻辱啊！”③

康有为

然而，事情的发展并没有到此为止。接踵而来的是西方列强纷纷在中国强占“租借地”，划分势力范围，瓜分豆剖的惨痛图景，已经摆在中国人民的面前。正如康有为1898年4月在保国会发表的演说中所描绘的：“二月以来，失地失权之事，已二十见，来日方长，何以卒岁？缅甸、安南、印度、波兰，吾将为其续矣！”④ “亡国灭种”决不是耸人听闻的宣传，而是已能触摸到的现实威胁，中华民族面临着极其严峻的考验，一种亡国灭种的危机感、无地自容的耻辱感、危在旦夕的紧迫感，笼罩在人们心头，“救亡”遂成为中国历史前进的主旋律。

如何去救亡？也就是说如何去解决民族的生存问题？以农民为主体的人民群众提出了一个直截了当的口号：“灭洋”！当战争还在进行时（1894年10月），一位官员在给皇帝的奏折中就披露过这样的事实：“外患不除，内忧恐起。近

---

① 《谭嗣同全集》下册，第540页。
② 《严复集》第3册，第52页，中华书局版。
③ 《辛亥革命》第32页，人民出版社1969年版。
④ 《康有为政论集》上册第239页，中华书局版。

闻山东曹、濮、安徽颍、亳各地，伏莽欲动，假‘兴华灭洋’为名"①。甲午战争之后，伴随着列强掀起瓜分中国的狂潮，"灭洋"的口号在许多地区普遍出现。

> 1898年春，四川余栋臣领导的反洋教起义，就提出了"顺清灭洋"的口号，其檄文说："但诛洋人，非叛国家"②。
>
> 1898年夏，湖北覃培章反洋教，打出的旗号是"保清灭洋"③。
>
> 1898年秋，山东赵三多反洋教斗争，则提出"助清灭洋"、"扶清灭洋"的口号④。

"灭洋"口号的提出，并非随意性的产物，它反映了帝国主义与中华民族的矛盾已成为当时中国社会的主要矛盾，表现了中国人民反侵略斗争日趋激烈。义和团运动所以能迅速发展起来，正是因为甲午战争的惨败及随后列强掀起的瓜分中国的狂潮，激发了中国人强烈的民族意识。反对瓜分中国的斗争顺乎民意，合乎民心，正如一位御史在奏折中所说："方今天下强邻虎视，中土已成积弱之形，人心愤激久矣。每言及中东一役（指甲午战争——引者注），愚父老莫不怆然泣下，是以拳民倡议，先得人和，争为投钱输粟。倡始山东，盛于直隶，现传及各省。所至之处，人多赢粮景从。父老莫可栓束，妻子不阻挽，独悻悻以杀敌致果为心"⑤。连一位美

临上刑场的义和团团民

---

① 《光绪年奏稿》，抄本。
② 《近代史资料》1955年第4期。
③ 《格致益闻汇报》第44号，第1册，350页。
④ 《山东义和团调查报告》第44页、第50页。
⑤ 《义和团档案史料》上册，第178页，中华书局1959年版。

国驻华高级外交官也承认，义和团运动获得了亿万中国人的衷心同情，"毫无疑问，义和团运动代表了他们一种爱国的努力，是要把他们的国家从外来的侵略和可能发生的瓜分中拯救出来"①。

义和团运动所造成的声势和影响，充分证明农民是拯救民族危亡的主力军，离开了广大的农民群众，中国的救亡事业是没有希望的。但是农民和手工业者处于小生产者的经济地位，无法摆脱封建愚昧状态，他们对世界形势、科学知识茫然无知，于落后的历史传统——宗教迷信却顶礼膜拜。他们对帝国主义侵略势力的认识仅停留在感性认识阶段，因而表现出一种笼统的排外主义，所谓"三月之中都杀尽，中原不准有洋人"，所谓"挑铁道，把线砍，旋再毁坏大轮船"，都反映了这种倾向。"总而言之，凡关涉洋字之物，皆所深忌也"②。义和团的"灭洋"固然有打击帝国主义侵略势力的一面，但同时也有消灭一切与近代资本主义生产方式相联系的科学技术的另一面。不分青红皂白排斥一切与"洋"字有关的事物，不但于中国社会进步无补，对中国人民的反帝救亡事业也是极为不利的。

甲午战后中国民族工业出现了第一个发展高潮。一些爱国的民族企业家和工商界人士，痛感战败之辱，发出了"实业救国"的呼声，提出办铁路、开矿山、设工厂，以"抵制洋商洋厂"。同时迫于形势，清政府的工商政策也发生了改变，即允许民间设厂。据1895年至1900年的不完全统计，新办的民营厂矿企业有68家，资本总额达1642万元③。由于相当一部分地主、官僚、商人投资近代工商业，因此形成了一个相当大的社会势力，他们成为资产阶级维新派的社会基础。一部分知识分子走出旧式封建士大夫的营垒，"向西方寻找真理"，他们认为"要救中国，只有维新，要维新，只有学外国"，康有为、梁启超、严复、谭嗣同就是他们中的代表人物，正是这些维新派首先发出了变法图存的呐喊，为挽救迫在眉睫的瓜分危机奔走呼号。

①　转引自顾长声《传教士与近代中国》第196页。
②　《天津拳匪变乱纪事》。
③　严中平等：《中国近代经济史统计资料选辑》第93页，科学出版社1955年版。

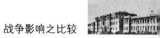

严复

中国近代的思想启蒙运动（即宣传资产阶级思想的运动），严格地讲是从甲午战争前后开始的，正如梁启超所说："吾国四千余年大梦之唤醒，实自甲午战败割台湾、偿二百兆以后始也"[①]。这一运动蓬勃兴起的重要标志是涌现了一批杰出的启蒙思想家和出版了一批启迪民智的重要著作，像康有为的《新学伪经考》、《孔子改制考》，梁启超的《变法通议》，谭嗣同的《仁学》，严复的《原强》、《救亡决论》等。其中特别是严复所翻译的《天演论》（原名《进化与伦理》，是英国生物学家赫胥黎的论文集），影响最大，康有为赞之为"西学第一者也"[②]。当时，爱国的知识青年都深深为这部书激动不已，鲁迅先生回忆自己在南京"矿务铁路学堂"（全称江南陆师学堂附设矿务铁路学堂，创办于1898年10月，1902年1月停办）读书时，曾说："我也知道了中国有一部书叫《天演论》……一口气读了下去，'物竞''天择'也出来了，苏格拉第、柏拉图也出来了"，"一有闲空，就照例地吃侉饼，花生米，辣椒，看《天演论》"[③]。20世纪初，《民报》上发表文章评论《天演论》说："自严氏书出，而物竞天择之理，厘然当于人心，而中国民气为之一变，即所谓言合群、言排满者，固为风潮激发者多，而严氏之功盖亦匪细"[④]。

　　《天演论》为什么有这么大的魅力？就是因为书中提出的"物竞天择，适者生存"的原则，从一个崭新的角度启迪人们去分析当时产生民族危机的原因，为探索救亡图存之路开辟新径。在严复看来，种族与种族之间，国家与国家之间，也是一个大的竞争局面。在竞争中，强者生存，弱者灭亡，"其种愈下，其存弥难，此不仅物然而已！"因而中国人不能再妄自尊大，必须承认侵略者的"优"和自己的"劣"，"而知徒高睨大谈于夷夏轩轾之间者，为深无益于事实也"[⑤]。《天演论》正是溯近代中国维新思潮的源头，而注之以活水。

　　甲午战后，维新思想家在"救亡"旗帜下发动的启蒙运动振聋发聩，不仅

① 《戊戌政变记》卷一。
② 中国近代史资料丛刊《戊戌变法》第2册，第525页。
③ 《鲁迅全集》第2卷，第295~296页。
④ 胡汉民：《述侯官严氏最近政见》，《民报》第2期。
⑤ 《天演论》卷上，"趋异第三"。

梁启超

青年孙中山

直接推动了1898年的"戊戌维新"，而且为资产阶级革命准备了思想条件。

以甲午战争为起点，中国的维新运动迅速步入高潮，与此同时，资产阶级革命派也开始在中国政治舞台崭露头角。中国伟大的民主革命先行者孙中山先生，就是面对严重的民族危机，目睹了清政府的腐败和卖国而萌发革命思想的。孙先生曾回忆说："予自乙酉中法战败之年，始决倾覆清廷，创民国之志"①。话虽如此说，其实中法战后（乙酉年为1885年），孙中山仍摇摆于革命与改良之间，1894年他写《上李鸿章书》就反映了这种矛盾心态。孙中山的密友陈少白曾说过："孙先生所以上李鸿章书，就因为李鸿章在当时算为识时务之大员，如果能够听他的话，办起来，也未尝不可挽救当时的中国"②。结果上书失败，孙中山决心放弃改良主义道路。甲午战争中，清军海陆两路节节败退，严重的民族危机就摆在面前。1894年11月24日，孙中山于檀香山建立了第一个革命组织——兴中会，该会宣言以满腔爱国热忱和可贵的使命感写道："蚕食鲸吞，已效尤于接踵；瓜分豆剖，实堪虑于目前。有心人不禁大声疾呼，亟拯斯民于水火，切扶大厦之将倾。"入会誓词还明确提出："驱除鞑虏，恢复中华，创立合众政府"的革命纲领。《马关条约》签订后，"清廷腐败尽露，人心愤激"，革命时机日趋成熟。孙中山遂积极筹备武装起义。1895年10月，广州起义爆发，虽因准备不足，计划泄露而失败，但却是以革命手段实现民主共和理想的第一次尝试。时代在前进，人民在觉醒，历史潮流毕竟不可抗拒。随着民族危机的继续加深，中华民族爱国救亡运动的大潮已经来临。

如果说，1895年时"革命"尚使人谈虎色变的话，那么经历了戊戌变法和

---

① 《革命源起》，中国近代史资料丛刊《辛亥革命》第一册，第3页。
② 《辛亥革命》第一册，第28~29页。

义和团运动后，革命也就得到更多人的同情和理解。革命志士推翻清政府的号召更加深入人心。1902年，欧榘甲在《新广东》这本小册子中就提出"自中日战争后，天下皆知朝廷之不可恃"，他指斥清廷"乃不惟尸位无能，不称其职，而且忘恩背义，卖国卖民，则我中国四万万之股东，其默尔而息乎"[②]！1903年，陈天华著《猛回头》，更对卖国的清政府作了无情揭露："列位，你道现在的朝廷，仍是满洲的吗？多久是洋人的了！""朝廷固然是不可违拒，难道说这洋人的朝廷，也不该违拒么"？"洋人的朝廷"，真是一语破的！这不仅是对清政府实质性的认识，而且也顺理成章地推导出反对帝国主义就必须推翻清政府的结论。这一认识上的升华，有力推动了革命形势的飞速发展。

总之，甲午战争之后，在"救亡"这个总目标的激励下，把中国社会关心民族命运的各个阶级、阶层都调动起来了，他们纷纷登上历史舞台，为民族生存、解放做出了自己的努力。在一曲救亡的大合唱中，只有资产阶级革命派对中国的命运和前途提出了一套新的思路和方案，这无疑是中国近代民族觉醒进程中的一次重大飞跃。

3. 对中国近代化的刺激

1894年11月，当甲午战争已进行了近四个月时，恩格斯曾就这场战争给中国的影响作过这样的预言：

> 中日战争意味着它的整个经济基础全盘的但却是逐渐的革命化，意味着大工业和铁路等等的发展使农业和农村工业之间的旧有联系瓦解。[①]

事实确实是这样。甲午战前已经逐渐解体的自然经济，由于战后列强对华资本输出进一步加剧，在许多地区面临着进一步崩溃瓦解的局面，商品市场不

---

① 张枬、王忍之编：《辛亥革命前十年间时论选集》第一卷，上册第279~280页。
② 《马克思恩格斯全集》第39卷，中文版第288页。

断扩大，破产失业的农民和手工业者的队伍急骤膨胀，这些都为中国民族资本主义发展准备了条件。在甲午战后三四年间，中国出现了一个兴办工厂企业的浪潮，也就是恩格斯所说的："整个经济基础全盘的但却是逐渐的革命化"。当然，这个过程是漫长的，而且阻力很大，在帝国主义和封建主义双重压迫的夹缝中，步履蹒跚地前进着。

甲午战后，中国民族工业发展第一次高潮的掀起与民族危机的空前激化是分不开的。《马关条约》不但规定割让大片土地和偿付大量赔款，而且允许外商在华设厂制造，不少人感到为救国而发展民族工业已刻不容缓。另一方面，一些具有资产阶级思想的士大夫从日本明治维新的成功中看到了采行"西法"的意义，于是"设厂自救"之说不胫而走。康有为在《公车上书》中就提出："德之克虏伯，英之黎姆斯，著于海内，为国大用，皆民厂也。宜纵民为之，并加保护"[1]。顺天府尹胡燏棻也说："中国欲借官厂制器，虽百年亦终无起色。必须准各省广办民厂，令民间自为讲求"[2]。

甲午战后，中国民族工业发展较快，也还因为投资现代企业确实有利可图。比如，1893年投入生产的上海机器织布局，每日"获利五百两，每月可得一万二千两"[3]；从事纺纱业，利润更为可观，有人声称："利息在三分以外"[4]。1896年，杨宗濂等在无锡开办业勤纱厂，"该厂的股息最少将为百分之二十五"[5]。优厚的利润对一部分地主、官僚、买办商人具有相当吸引力。

再有，就是甲午战后清政府对民间办企业多少放松了一些控制。既然准许外国人在华"设厂制造"，自然没有理由不准民间"设厂制造"了。更何况甲午战后，清政府财政极其困难，向企业征税无疑也是开辟财源的一条路子。1898年，由总理衙门出面，颁布了《振兴工艺给奖章规》，承认了民族工业的合法地位，这种政策上的变化，也有利于民族工业的发展。

---

① 中国近代史资料丛刊《戊戌变法》第二册，第142页。
② 转引自中国近代史资料丛刊《戊戌变法》第二册，第277页。
③ 《翁文恭公日记》第32册，第21页。
④ "盛康致盛宣怀"1893年8月9日，见《盛宣怀档案》。
⑤ 汪敬虞编：《中国近代工业史资料》第2辑，下册，第689页。

甲午战后的几年间，中国民族资本近代工业发展的规模和速度远远超过了19世纪60至90年代初的30年。

> 数年以来，江、浙、湖北等省，陆续添设纺纱、缫丝、烘茧各厂约三十余家。此外机造之货，沪、苏、江宁等处，有购机制造洋酒、洋蜡、火柴、碾米、自来火者；江西亦有用西法养蚕缫丝之请；陕西现已集股开设机器纺织局，已遣人来鄂考求工作之法；四川已购机创设煤油井，并议立洋蜡公司；山西亦集股兴办煤、铁，开设商务公司。至于广东海邦，十年以前即有土丝、洋纸等机器制造之货，近年新增必更不少，天津、烟台更可类推。湖北、湖南两省已均有购机造火柴及榨棉油者，湖北现已考得机器制茶、机器造塞门德士之法，正在督饬税务司劝谕华商兴办。湖南诸绅现已设立宝善公司，集有多股，筹议各种机器制造土货之法，规模颇盛。似此各省气象日新，必且愈推愈广"①。

又据两江一带官员1897年报告，上海新开缫丝厂12家，纺纱厂一家；苏州分设丝厂、纱厂各一家，后又增设丝厂、电灯厂、机器砖瓦厂各一家；镇江除设缫丝厂外，又请分设自来火、洋烛、洋碱、碾米、榨油等厂；江宁请设缫丝厂、自来火柴公司和机器轧面、轧米公司。据《伦敦东方报》1897年5月21日报导，自《马关条约》批准后，"沪滨及邻近各处之轧花厂、织布厂、缫丝厂纷纷创设，局面为之一新。其兴旺气象，殆有变为东方洛活尔（洛活尔为美国纺纱织布厂最多之地——引者注）之势"②。

据有关资料统计，从1895年至1898年仅三年间，新设立的厂矿企业就有80家，资本总额1781万元（其中商办企业62家，资本总额为1240多万元）③。而

---

① 《张文襄公全集》奏议四五，第18页。
② 转引自《中国近代工业史资料》第2辑下册，第685页。
③ 转引自《中国近代工业史资料》第2辑下册，第870~919页。

甲午战前20多年中所设厂矿企业的总和还不足80家，资本总额只有730万元。前后相较，足以看出甲午战争对中国经济近代化的刺激作用。

中国民族资本虽然在甲午战后有了初步发展，但《马关条约》关于允许外商在中国投资设厂的规定，使外国资本在华投资获得迅猛发展。外国资本在中国设立的工厂从战前的80余家增到1900年的933家。这些外资企业不但资金雄厚，技术先进，且享有免纳各项苛捐杂税的便利，因而严重排挤了中国民族工业的产品。列强在对华输出资本的同时，其商品输出量也继续增长。甲午战前四年（1890~1894），每年平均贸易额入超3000多万海关两，而战后五年（1895~1900年），入超额翻了一番，增至6000多万海关两。在外国资本和外国商品的排挤下，中国民族工业常常亏损乃至破产。仅以上海缫丝业为例，"华商二十家，虽厂屋遥遥相望，而经年开工者，则寥寥无几；现有十一家已经中止，将机器、房屋招入盘顶"[①]。至于民族资本受本国封建势力的压迫和盘剥也是有增无减，其中尤以厘金为害最大，因而中国民族资本在其发展道路上充满了荆棘。

二、对日本的影响

1. 加速了资本主义经济发展

日本在明治维新之初提出"殖产兴业"、"商工立国"的口号，要求发展工业，推进经济近代化。但由于多种历史因素的制约，工业化进展缓慢。直到甲午战前，日本基本上仍然是一个近代生产力水平低下的东方农业国，其工业的迅速发展，产业革命的全面勃兴，是在甲午战争之后的十数年间。正如西方学者所指出的："事实上，到1893年，尽管政府作了推进工业化的努力，日本基本仍是一个农业国。现代化的工厂为数很少，规模也小。对外贸易平平，其重要性主要在于技术上的借鉴。绝大部分人口仍居住在小村落，主要从事农业。而地税

---

① 转引自《中国近代工业史资料》第2辑下册，第700页。

仍然是政府岁入的主要来源。直到中日战争以后，经济才开始迅速向新的形式发展"[1]。而甲午战争中的巨额赔款，则提供了日本战后建设的重要资金来源。

1894年，日本全国各类会社（包括工业、交通、商业、金融）共有2844家，资本总额为24500万日元。这个数目仅及中国赔款折合36408万日元的67%。可见，自明治维新开始到甲午战前，虽历时27年，但日本积累的资本数量仍很有限。而战后，由于赔款大量倾注，形势为之一变。各类会社、工厂如雨后春笋，蓬勃生长，经济十分活跃，资本的增殖、积累异常迅速。据统计，1900年日本全部工厂企业的半数为甲午战后创建[2]。换句话说，1895年后5年间的工业化成就相当于自明治维新以来近30年的总和。至1904年，会社数增至8895家，较1894年增加2.1倍，资本额达92100万日元，增加了2.8倍。日本的资本主义经济正在大踏步跃进，完全改变了战前27年的缓慢步伐。

日本轻工业的主体是纺织业，由制丝、纺织、织物三大部门组成。其中以棉纺、缫丝生产发展最为迅速。1893年，棉纺厂有40家，纱锭38万个，大多是1万纱锭以下的中小企业，每年生产棉纱21万包。短短6年后，至1899年，棉纺厂增至85个，增加一倍多，纱锭达119万锭，增长3.1倍；棉纱产量为76万包，增长3.6倍。更值得注意的是，大工厂的数量明显增多，每个工厂平均纱锭数达1.4万锭，雇佣千人以上的大型棉纺厂已有27个，它表明日本的纺织业正步入大企业化的轨道。

缫丝是日本用于出口，赚取外汇的重要产业，在纺织业中居主导地位。甲午战后，机械制丝在更大范围内得到推广，又有许多新厂创建，产量和产值大增。1896年至1907年，日本生丝产量从年产495.1万公斤增至918.7万公斤，1914年更增至1421.6万公斤，超过中国而一跃成为世界第一制丝大国，年产量占世界总产量的41%。与生丝生产的飞速发展相适应，生丝出口额也直线上升。甲午战前的1888年至1892年5年内，生丝出口总值为2642万日元，而甲午战后的1898年至1902年5年内，生丝出口总值增加到6017万日元，年平均达

① 《新编剑桥世界近代史》，中译本第11卷，第653页。
② 见下中邦彦编：《日本史料集成》第543页，平凡社1963年版。

1200万日元。

重工业方面，日本在甲午战后也有显著发展。先看造船、机械制造和矿冶业，这些行业与军事密切相关，其中大多数为官营工业，少数为享受政府津贴的民营企业。日本政府用中国的赔款直接投注上述行业，作为战后扩军计划的一部分，使这些行业的发展达到惊人速度。以造船业为例，从1894年的4家，资本27万日元，增至1896年的5家、资本227万日元，三年内资本增值高达8.4倍。同期内，机器制造业从1894年的5家、资本21万日元，增至1896年的16家、资本210万日元，资本增值10倍。其中以芝浦制作所为代表的电机工业，以池贝铁工所为代表的机床制造都达到了国际先进水平。煤矿开采则从1894年的9家、资本97万日元，增至1896年的17家、资本950万日元，资本增值8.8倍。1893年日本煤产量为331万吨，至1905年上升为1164万吨[1]。日本的造船业以海军工厂的建立和发展为核心，并颁布"造船奖励法"以提高军舰建造的自给率，规定建造千吨以内的钢铁船，奖金每吨12元，千吨以上每吨20元。同时，提高输入船只的关税。在政府大力奖掖扶持下，日本造船业迅速崛起，从1894~1898年的累计4艘10013吨至1899年~1903年的累计36艘78686吨，再至1904~1907年的累计47艘79639吨，获得长足发展。1908年，日本建造了两艘1.3万吨级的轮船（"天洋丸"和"地洋丸"），造船工业已步入国际先进行列。

重工业中，钢铁工业尤为重要，因为它直接关系到军事工业的强弱，所以日本政府视之为"生命产业"。但钢铁工业耗费巨大且建设时间长，所以甲午战前因资金、原料没有着落被一再搁置。甲午战争给日本钢铁工业的起步创造了条件，战争期间召开的第八次议会通过了尽快建立新钢铁厂的议案。1896年，日本政府从中国赔款中拨付1920万日元作为创业资本，开办了八幡制铁所；在矿石原料问题上，则把目光投向中国和朝鲜。当时，中国的汉阳铁厂正处在困境中，接办铁厂的盛宣怀向外国寻觅借款。日本乘虚而入，于1899年与之订约，拟借款300万日元，利息6厘，分30年偿还。条件是中国向日本提供大冶铁矿的

---

① 守屋典郎：《日本经济史》第126页。

矿砂，并购买日本的煤炭。此举可谓是一举两得，一方面获得了发展本国钢铁工业的铁矿砂，另一方面又把汉阳铁厂置于自己的监督下。为实现这次贷款，1902年3月，日本政府动用国家资本300万日元（其实是中国赔款中的极小部分）建立兴业银行。并在1903年与中方订立大冶借款合同。日本的钢铁工业就是在吮吸中国人民血汗，掠夺中国资源的基础上开始起步的。

八幡制铁所是日本重工业的支柱。1901年，其第一座高炉投产，生铁年产量3万吨，占全国生铁产量的53%，钢材年产量3000吨，占全国钢材年产量的82%。至1911年，八幡制铁所的产量激增，仍以大冶铁矿的铁矿石为主要原料（占铁矿石来源的50.2%）。其生铁产量占日本总产量的70%，钢材产量占日本总产量的90%。

日本还颁布《航海奖励法》来推动本国海上运输事业。在政府鼓励下，日本船舶不仅航行遍及远东，还开辟了欧洲、美洲、澳洲三大远洋航线。在铁路建设上，甲午战后发展也很快，战后5年间，因日本还不能自产钢材，需大量进口，但进口钢材中的40%用于铁路建设，20%用于造船。战后10年（1894~1904），铁路通车里程从3409公里增至7553公里。

对外贸易也在迅速发展。1893年，日本出口总值为9000万日元，1903年增至31500万日元。出口的大宗是生丝和棉纱，生丝运往欧洲，棉纱则销往中国。

在此期间，农业也在发生变化，农业生产力进一步提高。国内开始试用化肥，农作物进一步商品化，其品种结构得到调整。为增加生丝和丝织品出口，从1889年至1909年20年间，桑园种植面积增加1倍，蚕茧产量增加3倍多。

甲午战后，日本又利用中国的赔款进行币制改革。日本原来实行银本位制，而欧洲各国均先后改为金本位制。日本在工业化进程中，急需进口外国机器设备和钢材，均用英镑支付。并用白银抵偿，银价连跌，亏损甚巨。虽早想改为金本位制，但苦于缺乏黄金和外汇储备，无法着手。战争为日本政府赢得巨额赔款。这笔赔款是清政府分别从俄、法和英、德分批借来，以英镑支付。日本从中提取一小部分作为储备，于1897年10月1日，改为金本位制，使日本经济与国际市场紧密联系起来，有利于稳定币值，扩大对外贸易，吸收外国资本。

19世纪末20世纪初，日本资本主义迈开了大步前进。如果说甲午战前，它已奠定了初步基础，那么甲午战后10年经济发展的高潮，使它快速完成了产业革命，实现了资本的大量积累和集中，向垄断阶段过渡。日本资本主义的力量迅速壮大起来，它在国际经济圈中，特别是在远东经济竞争中占有重要一席。而且，它走上了一条快速发展的特殊道路，显示出早熟的、军事封建垄断资本主义的特征。

甲午战后，日本在军事的、封建的帝国主义道路上迈进，天皇贵族、官僚、军阀等政界上层与财阀垄断集团相结合，在保留大量封建主义因素的基础上发展资本主义。这条道路加深了国内劳动群众的苦难，同时也加强了其军国主义色彩，使得日本统治者不断发动对外战争，以寻求殖民地的资源和市场。终于在第二次世界大战中折戟沉沙，落了个战败投降的悲惨结局。

2. 军国主义体制的强化

甲午战后，日本政治舞台上逐渐形成三股势力：一是长州、萨摩士族出身的藩阀官僚集团，他们一直把持着明治政府的大权；二是长、萨两藩出身的军人集团，他们把持军部，形成相对独立的势力；三是代表新兴地主、资产阶级要求的政党势力，其中有较亲近政府的自由党和与政府较疏远的进步党（原称改进党）。这几股势力兴衰隆替，分化组合，使得世纪之交的日本政治舞台像万花筒一样不断变换形态，呈现繁芜纷杂的景观。但其总趋势是：大资产阶级日益与从旧藩阀中脱颖而出的官僚、军阀相结合，逐渐建立起日本军国主义的国家体制。

甲午战争爆发前五年，即1889年（明治二十二年），日本颁布了帝国宪法，规定国家主权为天皇所有，"天皇为国家元首，总揽统治权"。在天皇制下，日本人民只有纳税、服兵役的义务，却没有民主权利可言，工商业阶层也受到种种压制。早期明治政府的权力完全掌握在藩阀出身的官僚手中，代表资产阶级要求的政党势力，被排斥在内阁之外。1890年，自由党和改进党在第一次众议院议员选举中获胜，得到半数以上的议位，但其权力却十分有限，因为议会只能审议政府预算，不能影响政府的组成、决策和施政，内阁（即政府）对国民和议会不负丝毫责任，议会成了专制政府掩饰其独裁的一块"遮羞布"。

甲午战后，资产阶级力量壮大，其政治要求日益强烈，藩阀官僚很难阻挡这一趋势，同时为了获得广大工商业者的支持，开始有条件地吸收政党参政。1896年，出身萨摩士族的松方正义组阁，进步党魁大隈重信被拉入内阁，任外交大臣，这就是所谓的"松、隈内阁"。"松、隈内阁"建立期间，藩阀和政党度过了一段蜜月期，进步党协助政府在议会中通过了大规模扩军的法案；作为回报，政府则起用一批政党人士担任政府职务及地方上的县知事，这就开辟了党员任官的途径。但随后，因政府对言论、集会自由加以限制，资产阶级也对一味征税、扩军不满，双方合作产生裂痕。进步党与松方政府终于在增征地税问题上爆发冲突，大隈辞去外相，松方内阁在解散议会后，提出辞呈。

后来，进步、自由两党合并成宪政党。藩阀官僚在两党联合冲击下，手忙脚乱，伊藤博文和山县有朋就是否再组政党激烈争论，最后伊藤辞职，宪政党于1898年6月底组成内阁，由大隈重信任首相兼外相，原自由党的板垣退助任内务相，称"隈、板内阁"，但陆军大臣桂太郎公开宣称自己是内阁的"特殊成员"，已下定"要和这次内阁斗争的最大决心"，并讽刺"隈、板内阁"是"半身不遂的内阁"[1]。"隈、板内阁"成立后风波迭起、内外压力俱增，只存在了四个月，即告解散。政党内阁的短命证明，在天皇制羽翼下，依靠军阀来发展自己的日本资产阶级，根本没有挑战军阀派系的能力。

1898年，著名陆军元老山县有朋组阁，其总的趋势是仇视、压制政党。他采取的一项重大措施是修改陆海军省官制，规定陆海军大臣必须以现役大将或中将充任，次官必须以现役中将或少将充任，从而彻底排除了文官领导军队的可能，使军阀控制军队的局面永远保持下去。

1900年9月，伊藤博文第四次组阁，他在政界、实业界支持下，成立政友会，自任总裁，原自由党人纷纷加入政友会，归附于官僚势力，成为专制主义的装

---

① 明治史料研究联络会：《明治史料》7，第20页。

饰品。八个月后，第四届伊藤内阁辞职，由陆军大臣桂太郎组阁，其阁僚均为山县派，但全部起用新人。日本政界、军界完成新陈代谢，权力转入新一代少壮派之手。但其推行军国主义和对华侵略的基本方针却被全盘继承，并且变本加厉，日本的政治日益向着军国主义体制演进。

日本的军国主义体制之所以能不断强化，是因为军人集团不但实力强大，而且独立于内阁之外，成为一股超政府的力量。其他政治势力不具备挑战军阀派系的能力。另一方面，通过甲午战争，军国主义在日本具有雄厚的社会基础。缺乏民主的军国主义和国权主义的思想意识开始深入地控制国民。日本诗人、剧作家秋田雨雀（1883~1962）曾回忆说："我曾是个可怕的军国主义者，写过所谓日本应该用武力统治世界的文章"[1]。甲午战争爆发时，秋田不过是个十一二岁的少年。这种现象当然不是个别的，日本明治时期的诗人、小说家国木田独步（1871~1908）在他的小说《酒中日记》里曾这样描写当时的社会状况："日清战争，连战连捷，军人万岁。……如果没有了军人，简直天都不会亮啦"。"凡是家里有女儿的父母，不论他们是华族（指旧公卿、旧诸侯——引者注）、富豪、官吏，或是商人，都有一种共同的热望：要找一个军人作女婿"。甲午战争使日本军部的威望空前提高，同时也抬高了军人的社会地位。作为军队最高统帅的天皇也闪耀着胜利的光环，天皇制的社会基础扩大了。

3. 日本成为"东洋盟主"

在甲午战争中，日本获得了意想不到的胜利。军事冒险的成功，使政客、藩阀、商人、军人乃至普通民众个个心花怒放、喜出望外。在朝野上下一片"凯歌"声中，军国主义者的扩张野心进一步膨胀起来。1895年4月，在战争即将结束时，日本陆军大臣山县有朋（曾在战争中任第一军司令官）宣称："我们通过这次战争将在海外获得新的领地。诚如是，则已需要扩充军备来守卫新的领地，更何况要趁连战连捷之机径直成为东洋之盟主呢！"[2]加紧扩军备战，

---

① 《雨雀自传》。
② 大山梓编：《山县有朋意见书》第230页。

以充当"东洋盟主"成为甲午战后日本政府孜孜以求的基本目标。

甲午战后，日本从中国攫得大量赔款。中国的赔款，包括军事赔款白银2亿两，利息银1083万两，以及"归还"辽东半岛的赎金3000万两，威海卫"守备偿银"150万两，共计白银24233万两，折合日元为36408万元。当时日本每年的财政收入不过八九千万日元，赔款数相当于日本政府四年以上的财政收入。一直苦于经济贫困、财政拮据、资源匮乏的穷国、小国日本，顿时像经过大量输血一样，财源滚滚，活力大增，从而推动了经济和军事的迅速发展。中国赔款如同给日本军国主义装上了前进的飞轮。在明治政府看来，如要进一步积敛财富，扩充国力，进而称霸东亚，仍然要依靠战争，故扩军备战势在必行。

日本称霸东亚下一个重要对手是沙皇俄国，对于主导干涉还辽的俄国，日本充满着强烈的复仇情绪。报纸上连篇累牍地刊登以"卧薪尝胆"为主题的文章，要求国民节衣缩食，为"十年再战"以雪"奇耻"作准备。山县有朋强调："我们唯有坚忍不拔，卧薪尝胆，谋求军备之充实与国力之培植，以期卷土重来"[①]。

1895年，第二届伊藤内阁以"战后经营"的名义，在议会中提出扩军兴产的庞大预算，支出项总额高达1.9亿日元，比上年度增加一倍，这一军国主义预算提案，竟然没有遇到任何阻力，就在贵族院和众议院被顺利通过。

战后扩军的目标，陆军要达到平时15万人，战时60万人的规模，分两期进行。先用4~7年时间在原有6个师团之外，再增设6个师团及2个骑兵旅团、2个炮兵旅团，并建筑炮台，制造和改进武器。师团的编制亦加以扩大，战后一个师团的兵力相当于战前2个师团，这样增设6个师团，就增加了相当战前24个师团的兵力。海军在夺取制海权，争霸远东的目标中地位尤其重要，故海军的扩充比陆军投入更大。1895年12月，海军大臣提出所谓"六六舰队"计划，即建造1.5万吨级主力舰6艘，1万吨级巡洋舰6艘，舰型、速力、炮种、炮数等全部统一。再以此为基础配备轻快的二三等巡洋舰、驱逐舰、水雷艇

---

① 转引自万峰：《日本近代史》第248页。

等辅助军舰，形成完备而巨大的战略单位，用以对抗假想敌（俄国）及其一两个盟国（如中国）。第一期扩军方案为新造军舰54艘，第二年又追加预算，予以修订，进一步扩大为用10年时间（1896年～1905年）建造各种舰艇94艘，桨船584艘，经费总计2.13亿日元。海军的总吨位要从甲午战时的6万余吨增到27万余吨。

由于扩军狂热弥漫朝野，日本的军费在预算总额中的比例，1895年至1896年，由27.6%跃增至43.4%。1897年，军费开支又几乎比上一年翻了一番。从1896年至1903年，陆军军费总计为413765709日元，海军军费总计为359216307日元。经过连年扩军，日本武装力量迅速膨胀。日俄战争时（1904~1905年），据俄国方面估计，日本常备兵力为24万人，为节约军费，有许多官兵平时休假，不计在现役内。战时可动员至36万人。在海军方面，至1904年，日本舰队总计有远洋战舰6艘，海防战舰2艘，装甲巡洋舰11艘，非装甲巡洋舰14艘，驱逐舰50艘，炮舰17艘。实力已超过了俄国太平洋舰队。

为对抗俄国，日本还于1902年1月30日与英国签订了《日英同盟协定》，这一协定解除了日本对俄作战的后顾之忧，正是从这个意义上，日本驻英公使林董说："没有日英同盟，就没有日俄战争"[①]。1904年2月8日夜，日本联合舰队偷袭驻泊旅顺口的俄国舰队，使其2艘战列舰、1艘巡洋舰中鱼雷搁浅。9日，又在仁川港外击伤2艘俄舰，迫其自行炸沉。10日，两国正式宣战，日俄战争爆发。

日本第一军在陆上强渡鸭绿江，占领九连城；第二军登陆辽东半岛，占领金州和南山；又另组第三军在辽东半岛盐大澳登陆，进攻旅顺口。旋又成立第四军，策应一、二军作战。七八月间，日军以3个军13.4万人的兵力与22万俄军进行辽阳会战，迫使俄军北撤。10月中旬，13万日军和22万俄军又进行沙河会战，结果再以俄军失败而告终。与此同时，日第三军5万人从8月至年底向俄军旅顺要塞发动攻坚战，结果旷日持久，费时155天，以死伤5.9万人的代价才

---

① 《林董回忆录》。

迫使俄军于1905年元旦投降。1905年3月1日，日军总攻奉天（今沈阳），双方动员兵力57万人（俄军32万人，日军25万人），结果日军于10日占领奉天，此役俄军伤亡约6万人，被俘2.2万人；日军则死伤约7万人。1905年5月27日，日本联合舰队在对马海峡迎击从欧洲远道增援的俄国波罗的海舰队，进行了空前规模的海战，俄国主力战舰几乎全部被击沉或受重伤（总计38艘军舰中，有19艘被击沉，5艘被俘），一艘逃往中国港口，只有3艘驶抵海参崴。7月，日军占领库页岛，守岛俄军投降。至此，日俄战争基本结束。

1905年8月10日，在美国斡旋下，日、俄双方在美国波士顿附近的朴茨茅斯海军基地进行和谈。9月5日签订《朴茨茅斯条约》，10月4日正式批准。其主要内容是：日本取得独霸朝鲜的绝对权力；俄国将旅顺、大连及其附近领土、领海的租借权转让给日本；俄国将从长春到旅顺的铁路及在该地区的特权、财产无偿转让给日本；俄国还答应割让库页岛南部。此外，日本还获得了俄国濒临日本海、鄂霍次克海、白令海沿岸的捕鱼权。

日俄战争是日、俄国为争夺对中国东北地区的控制，在中国领土上进行的厮杀，给当地中国民众带来了巨大灾难。而清政府竟然无耻宣布"局外中立"，甚至将辽河以东划为两国的"交战区"，真是丧尽了国格。战后，日本又强迫清政府订立《中日会议东三省事宜》正约、附约，承认日本从沙俄手中夺得权益，并同意增开商埠，划定租界。眼看着两个强盗将自己的权益私相授受，而自己只有签字画押的资格，真是可悲！可耻！

日俄战争的结果改变了列强在远东的力量对比。战争结束后，日本从沙俄手中接过了所谓"关东州"的租借权（面积约3460多平方公里），从而在中国东北地区建立了进行殖民扩张的桥头堡；同时，日本还控制东北境内总计1100多公里的铁路线和铁路两侧地区。为此，日本还成立了"满铁公司"，以经营铁路为主，兼及矿业、电力、房地产业（仓库和有关地段）；又在鞍山开办炼钢厂，并扩大对东北的掠夺性贸易，攫取东北的农矿产品。中国东北被纳入到日本的殖民势力范围。日本在东北夺得的"租借地"加上南库页岛和吞并的朝鲜，其拥有的殖民地已超过本土面积的76%，美国总统西奥多·罗斯福（1901~1909

年在任）曾这样评论："日本获得了满洲及韩国制驭权，取得了旅大和库页岛南部，又因为击败俄国的海军而自然地拥有强大的海军力量，在太平洋除了英国之外，造成了任何国家也难以匹敌的优势"[①]。日本通过在东亚发动的两次战争（甲午战争和日俄战争），一跃成为"东洋盟主"，东亚的政治格局发生了新的变化。

[①]　转引自中田千亩：《日本外交秘话》，第259页。

两种不同的战争史观

甲午战争虽然过去了120年，但它仍然是留在中华民族记忆中的一场噩梦，是中华儿女身上留下的一块永久的伤疤，是中国命运之途上的一个耻辱标记。当然，对于这场战争，不同的国家、不同的人群、不同的研究者，可能会有不同的评论。但我们最关切的是，这场战争两个最主要的当事国——中国和日本如何认识这一历史事件，如何正确地从历史中总结有益的经验教训，以有利于东亚安全，有利于世界和平。有人提出不要翻历史老账，但做到这一点必须要有一个前提，那就是对过去的历史首先应该有一个正确、客观而清醒的认识，而不能是一笔糊涂账，更不能在一种错误战争史观的指导下，去歪曲历史，颠倒黑白，混淆是非，指鹿为马。

什么是战争？毛泽东曾经有一段经典的论述。他说："战争——从有私有财产和有阶级以来就开始了的、用以解决阶级和阶级、民族和民族、国家和国家、政治集团和政治集团之间，在一定发展阶段上的矛盾的一种最高的斗争形式"[1]。他又说："历史上的战争，只有正义的和非正义的两类。我们是拥护正义战争反对非正义战争的"[2]。甲午战争对于中国人民来说，是反抗日本军国主义侵略、捍卫国家尊严和领土主权完整的正义战争；而日本军国主义处心

---

[1] 《中国革命战争的战略问题》，《毛泽东选集》第一卷，第155页。
[2] 《中国革命战争的战略问题》，《毛泽东选集》第一卷，第158页。

积虑地企图霸占朝鲜以及我国台湾、东北地区，乃至要占领全中国。因此，他们发动的战争是侵略战争，是非正义的战争。毛泽东在《中国革命和中国共产党》一文中，曾经指出，在近代帝国主义列强向中国发起的多次侵略战争，其中就包括"一八九四年的中日战争"。这一论断是符合历史实际的，自然也是科学的，我们今天仍然坚持这一科学的战争史观。

反观日本，第二次世界大战结束前，其社会完全被一种"皇国史观"所笼罩。甲午战争期间，日本政客和各种传媒竭尽全力为这场侵略战争摇旗呐喊，欢呼鼓舞。他们把这场战争定位为"文明开化之国"（指日本）与"因循守旧之国"（指中国）之间的战争，因而对日本来说是一场"义战"。他们信奉的是"弱肉强食"的哲学。

第二次世界大战结束，日本投降后，曾有不少日本人对侵略战争进行反省，大多数日本国民也厌恶战争。日本还制订了"和平宪法"，宣称永不再战。但由于军国主义思想的根源并未得到清算，正确的、科学的战争史观没有确立起来，所以造成了所谓"司马辽太郎史观"的泛滥。被称为"国民作家"的司马辽太郎是战后日本最有影响力的历史小说家，他创作的有关近现代史的长篇小说，把"明治史"和后来的"昭和史"完全剥离，前者被定位为"光明的年代"，后者则称为"黑暗的年代"。他对甲午战争和日俄战争的定性是所谓"祖国防卫战争"，因而是"公平的战争"。认为这两次战争反映出的日本人的民族主义精神是"健康的"，是值得自豪的。

在这种错误史观指导下，至今一些日本人的精神状态仍停留在120年前的甲午时代。不久前，日本出版了一本名叫《从日清战争学习、思考尖阁诸岛（即中国钓鱼岛——引者注）领有权问题》的书，鼓吹要通过一场类似甲午战争的胜利来解决钓鱼岛问题。这就是日本安倍政府推行挑衅中国政策的社会基础，同时也证明，在日本，确实有些人仍继续陶醉于昔日"东洋霸主"的光环中。但是，狂热的日本右翼势力彻底打错了算盘，正如2013年最后一次例行记者会上，中国外交部发言人所说："今天的中国已不再是120年前的中国。我们完全有能力、有信心捍卫自己的国家主权、领土完整和民族尊严。"

Afterword
后 记

　　我从上中学起就对甲午战争史深感兴趣。这次战争，中国遭受失败之惨，所订条约之苛，丧失权益之巨，蒙受羞辱之深都是空前的。当时，还是一个少年的我就想：这到底是为什么呢？为此，我开始搜集、阅读有关甲午战争的资料，而中国近代史资料丛刊《中日战争》的出版，为我学习甲午战争史提供了较为完整的资料。

　　后来，又读了贾逸君、郑昌淦两位先生的专著《中日甲午战争》，促使我想把自己学习甲午战争史的心得写成文章。几经易稿，竟然完成了一篇三万余字的长文。脱稿后，我把文章寄给了著名历史学家范文澜先生。意想不到的是，工作繁忙的范老对一个中学生的习作没有置之不理，而是委托他的秘书王忠先生仔细给予审阅，并提出意见，给予鼓励。学术大家诲人不倦的风范，至今仍深深留在我的记忆中。

　　我上大学读的是历史系，也一直对中国近代史有着浓厚兴趣。"文化大革命"结束后，考入中国人民大学清史研究所攻读研究生，虽然研究方向是近代历史人物，但思绪中仍不断浮现出"甲午情结"。留校工作后，教学、研究之余，也颇关注甲午战争史的研究动态。

　　20世纪80年代初，北京图书馆、北京历史学会、中国历史博物馆联合举办"伟大祖国"历史讲座，我应邀承担一讲——《气壮山河的甲午海战》。

事后，书目文献出版社又以单行本的形式出版，这本小册子是我研究甲午战争习作的第一次公开问世。

1990年10月，山东社会科学院等12个单位联合举办甲午战争史学术研讨会。我有幸与会，在会议期间，和我的老师著名历史学家戴逸教授商量，决定撰写一本《甲午战争与东亚政治》的专著。这既是为纪念甲午战争爆发100周年做点实事，也是想了却我从小就想研究甲午战争史的宿愿。

1994年9月，在山东威海举办了"甲午战争100周年国际学术讨论会"。《甲午战争与东亚政治》一书被会议组委会提供给与会学者。该书出版后曾产生一定影响，"导言"被《抗日战争史研究》全文转载。1999年，日本友人岩田诚一先生决意将其介绍给日本读者。他不顾年近八旬的高龄，下了很大功夫，用三年多时间，终于在华立女士（她精通日文）的协助下将此书译成日文，在日本正式出版。这对日本读者了解中国学者研究甲午战争的成果无疑是有益的。

今年，正逢甲午战争120周年之际，我决定换一个角度，即从中、日两国的对比上，对甲午战争和东亚政治再作反思。这一想法得到中国青年出版社的大力支持。现在这部小书终于杀青了，我也总算松了一口气。

在写作过程中，多蒙责任编辑周红女士的关心、帮助，她在书稿的立意、架构、内容调整上都提出了很好的意见。另外，李立新、杨涛在选取书稿插图上给予帮助，付出辛劳，杨阳、孔勇、贺轶洋也协助做了些辅助性工作，这是我要一并致谢的。

另外，在撰写本书时，吸收了史学界关于甲午战争的一些研究成果，作者不敢掠美，书中注释已有反映，于此亦致谢忱。

杨东梁

2014.11

19世纪后半叶中日大事年表

（1860～1899）

说明：

① 本表使用公历纪年。

② 本表1860~1893年间中、日大事分国排列；1894~1899年间中、日大事混合编排。

1860年

10月6日，英、法联军进占北京圆明园，大肆焚烧、抢掠。24日，中、英签订《北京条约》，割九龙司，赔款白银800万两，增天津为通商口岸；25日，中法签订《北京条约》，允许法籍传教士自由传教，增开天津为通商口岸，赔款白银800万两。

8月3日，在日本江户（后改为东京）签订《日葡友好通商条约》及贸易章程。

1861年

8月22日，咸丰帝奕詝病死热河行宫，皇子载淳继位。11月1日，慈禧太后与恭亲王奕䜣联合发动政变，免除肃顺等八人赞襄王大臣职务，并分别处置。7日，改年号祺祥为同治，两宫皇太后垂帘听政，以明年为同治元年。12月，曾国藩在安庆设立内军械所。

1月24日，日本幕府在江户签订《日普友好通商条约》及贸易章程。

1862年

奕訢等奏设同文馆于北京，为晚清最早的洋务学堂。

11月12日，日本幕府派榎本武扬赴荷兰留学。

1863年

两江总督曾国藩于安庆江面试航新造小轮船。江苏巡抚李鸿章奏于上海机器局内附设广方言馆。

6月，日本长州藩在下关海峡炮轰美国商船和法、荷军舰。井上馨、伊藤博文等赴英国留学。

1864年

7月19日，湘军攻占太平天国都城天京（今南京）。

本年，李鸿章在苏州设洋炮局。

9月，英、美、法、荷联合舰队与日本长州藩交战。10月22日，幕府同意向四国赔款300万美元。

1865年

1月，中亚浩罕汗国军官阿古柏入侵我国新疆南部。

9月20日，曾国藩、李鸿章在上海建江南机器制造总局。

本年，署两江总督李鸿章在江宁建金陵机器局。

3月，日本长州藩组成讨伐幕府的政权，并于4月改革军政。

11月，横须贺炼铁厂举行开工仪式。

1866年

本年，闽浙总督左宗棠在福建马尾设立福州船政局。

3月，日本萨摩、长州两藩缔结讨幕同盟。8月，幕府在江户与比利时、意大利签订友好通商条约。

1867年

4月，三口通商大臣崇厚建天津机器局。

2月，日本因孝明天皇去世，由次子睦仁亲王即位，年仅15岁，即明治天皇。

1868年

2月25日，清政府派蒲安臣（美国人）使团出发赴美、欧访问。7月28日，中美签订《续增条约》（又名"蒲安臣条约"）。

1月3日，日本宣告"王政复古大号令"。27日，"戊辰战争"（新政府军与幕府军对垒）爆发。9月，江户改称东京。10月12日，举行天皇即位仪式，23日改元"明治"。

1869年

本年，两广天地会败灭。

6月，日本政府军在戊辰战争中获全胜。幕府军"海军总裁"榎本武扬投降。

1870年

6月21日，天津教案发生。

11月，天津机器局建成。

1月，日本政府改革封禄制度。东京、横滨间开通电信业务。

10月，统一兵制（海军为英式，陆军为法式）。东京设海军学校，大阪设陆军学校。

1871年

7月，俄军占领伊犁。

本年，左宗棠设立兰州机器织呢局。

8月，日本天皇颁布废藩置县诏书。10月26日，缔结"日清友好条约"及通商协定。10月间，明治政府派岩仓具视、木户孝允、大久保利通、伊藤博文、山口尚芳等赴欧美访问、考察。

1872年

8月12日，容闳率第一批中国幼童30人赴美留学。

1月，日本全国定为3府72县。1月3日，福泽谕吉著《劝学篇》初编发行。4月，撤销兵部省，分设陆军、海军两省。开通东京、大阪间电信。10月，琉球划入日本版图。

1873年

2月23日，慈禧太后归政同治帝。

1月，日本制定并发布"征兵令"。

9月13日，岩仓具视一行回国。

1874年

4月4日，日本设"台湾番地事务局"，命西乡从道为"台湾蛮地事务都督"，以"琉球漂民事件"为借口，出兵侵略中国台湾。5月22日在台湾登陆。5月29日，清廷任命沈葆桢为钦差大臣、办理台湾等处海防兼理各国事务大臣，派兵增防台湾。10月31日，中、日签订《北京专条》，清政府承认日军入侵为"保民义举"，共赔偿白银50万两。

1875年

1月，同治帝病死，年仅四岁的载湉继位，改元光绪。慈禧太后再度垂帘听政。2月，"马嘉理案"爆发，英国使馆翻译马嘉理在云南被杀。5月，清廷任命左宗棠为钦差大臣、督办新疆军务，又派李鸿章、沈葆桢分别督办北洋、南洋海防。8月31日，命郭嵩焘为出使英国钦差大臣，为清政府派遣常驻外交使节之始。

1月，日本定学龄儿童为6~14岁。4月，建立地方官会议制度，逐渐确立立宪政体。9月20日，日本军舰"云扬号"攻击江华岛朝鲜军队，是为"江华岛事件"。

1876年

7月，清军攻克乌鲁木齐，平定天山北路。9月，中英签订《烟台条约》，包括赔偿、惩凶、租界内免收厘金、增开通商口岸等内容。

2月，日本与朝鲜签订《江华条约》，朝鲜开放元山、仁川为通商口岸；船可在朝鲜沿海自由航行，并可在朝鲜沿海岛屿勘测；日本在朝享有领事裁判权。又规定朝鲜为"自主之邦"，以离间中朝关系。

7月，三井银行开业，三井物产公司成立。

1877年

5月，清军收复达坂、吐鲁番，阿古柏于库尔勒自杀。

本年，四川总督丁宝桢在成都设四川机器局。

3月，京都—大阪铁路通车。7~9月，日本爆发西南战争，政府军最后平定了西乡隆盛的叛乱。

1878年

1月，清军克复和田，收复除伊犁地区外的全部新疆领土。7月，开办开平矿务局。

6月，日本开办陆军士官学校。

1879年

10月2日，出使俄国钦差大臣崇厚与俄国代理外交大臣吉尔斯签订《里瓦几亚条约》，中国仅收回伊犁城，但却在包括割地、免税贸易、扩大通商路线、赔偿兵费等多方面丧失多项权益。

3月30日，日本侵占琉球，改为冲绳县。

1880年

9月，李鸿章在天津设电报总局。

本年，李鸿章在天津设水师学堂。

7月，日本广岛官营纺纱厂开工。12月8日，创办明治法律学校（明治大学前身）。

1881年

2月，兼任驻俄公使曾纪泽在圣彼得堡与俄签订《中俄改订条约》，争回前划失的伊犁南境特克斯河流域，赔偿费增为900万卢布。12月，中国第一条电报线（上海至天津）敷成并投入使用。

本年，唐（山）胥（各庄）铁路完工。

2月，日本右翼浪人头目头山满组织右翼团体玄洋社。10月，天皇颁诏决定于1890年开设国会。

11月，日本铁道公司成立。

1882年

4月，李鸿章奏请在上海设机器织布局。9月，李鸿章上奏对比中日海军优劣，指出："华船分驻数省，畛域各判，号令不一，似不若日本兵船，统归海军卿节制，可以呼应一气"，"是欲制服日本，则于南北洋兵船整齐训练之法，联合布置之方，尤必宜豫为之计也"。

1月1日，日本公布全国人口为36700118人。4日，天皇发布《军人敕谕》。7月23日，朝鲜发生壬午兵变，日本公使馆遭袭。8月30日，日朝签订《济物浦条约》，内容包括惩凶谢罪、赔偿50万元、派兵进驻公使馆等。

1883年

5月，张之洞在太原设洋务局。黑旗军在越南纸桥大败法军。6月，商人祝大椿在上海设源昌机器五金工厂，资本10万元。

3月25日，日本开始扩建海军，拟造军舰20艘。

4月，日本陆军大学开学。7月，岩仓具视病死。11月，"鹿鸣馆"（欧式俱乐部）开馆。

1884年

4月8日，慈禧太后改组军机处，免去奕䜣、宝鋆、李鸿藻、景廉一切差使，工部尚书翁同龢革职留任，均退出军机处，代之以世铎、额勒和布、阎敬铭、张之万等。

8月23日，法海军在马尾袭击并重创福建海军。26日，清廷对法宣战。10月2日，法军占领基隆。11月，新疆建立行省。

6月，日本铁道公司开业。12月4日，日驻朝公使率兵占领朝鲜王宫。6日，被清军驱走，是为"甲申事变"。

1885年

3月24日，清军取得镇南关大捷，法军溃退。4月18日，中、日就朝鲜问题签订《天津会议专条》。6月9日，李鸿章与法使巴德诺在天津签订《越南条款》，中法战争结束。6月21日，清廷下谕称："惩前毖后，自以大治水师为主"。10月12日，台湾建省，刘铭传为首任巡抚。10月13日，以醇亲王奕譞总理海军事务。25日，慈禧太后颁懿旨允准成立"总理海军事务衙门"。

1月9日，日、朝签订"汉城条约"，规定朝鲜就"甲申事变"对日谢罪以及赔款、惩凶等。3月16日，福泽谕吉发表《脱亚论》，12月31日，日使榎本武扬返国，主张取朝鲜，与中国一战。伊藤反对称"日本国库不裕，万难冒昧。……（中国）一二年后，又因循苟安，诚如西人所说：'又睡觉了'。倘此时与之战，是速其醒也"。明治天皇然之。

1886年

1月21日，李鸿章致函总理衙门：南北洋海防经费，应拨400万。近年北洋收到不过60万，南洋更少，请拨足饷。5月20日，李鸿章等校阅南、北洋海军会操；22日，奕譞、李鸿章校阅威海卫炮台。8月，北洋海军统领丁汝昌率定远、镇远、济远、威远四舰驶抵日本长崎，登岸水兵与日警冲突，酿成血案。

本年，杨宗濂、吴懋鼎、周盛波等在天津合资开办自来火公司。

李鸿章在天津筹建武备学堂。

3月2日，日本东京大学改称帝国大学。18日，日参谋本部内设陆军部、海军部。6月15日，日本发行海军公债1700万日元。11月4日，创办关西法律学校（关西大学前身）。

本年，日开始实行《第一期军备扩张案》。

1887年

2月7日，光绪帝亲政，但太后仍"训政"数年。27日，李鸿章就对日修约事复函总理衙门称："日地褊小而有大志，日人诡谲而能自强，实为东方异日隐患"。

3月16日，李鸿章、奕譞会奏，请修大沽至天津铁路，与唐山铁路相接，向东延至山海关，允之。6月，张之洞创办水陆师学堂。12月9日，北洋海军总教习英人琅威理偕邓世昌、叶祖珪、林永升等驾驶在英、德定造之"致远"、"靖远"、"经远"、"来远"四艘巡洋舰至厦门。

本年，张之洞在广州设机器制钱局。又开设水师学堂。严信厚在宁波设通久源轧花厂。

1月22日，东京市内开始用电。3月14日，天皇颁布海防敕语，拨私产30万日元作海军扩军费用。

5月18日，政府颁布第一个私营铁路条例。21日，政府颁布学位令，学位分博士、大博士两种。6月15日，创立陆军幼年学校。7月7日，政府公布正金银行条例。

本年，日本参谋本部拟定《征讨清国策》。

1888年

2月18日，命候补道李金镛督办黑龙江漠河金矿。3月22日，刘铭传开办台湾邮政。刘又于7月28日奏设中西学堂。7月，张之洞在广州筹设枪炮厂。10月3日，慈禧太后颁懿旨，批准《北洋海军章程》。13日，津沽铁路建成。10月，康有为上万言书，请求变法，未达。12月18日，谕令丁汝昌为北洋海军提督，林泰曾为右翼总兵，刘步蟾为左翼总兵，北洋海军正式成军。

1月4日，时事通讯社在日本东京成立。2月28日，日本政府发行海军公债200万元。11月20日，《大阪每日新闻》创刊。30日，日本与墨西哥签订友好通商条约，为第一个平等条约。

本年，日本提出《第二期军备扩张案》。

1889年

3月4日，慈禧太后"撤帘"，光绪正式亲政。8月27日，开始筹办芦汉铁路。11月30日，丁汝昌、琅威理率北洋舰队至上海，转南洋各埠巡阅。12月29日，上海机器织布局开工。

本年，中国第一个近代钢铁厂贵州青溪铁厂正式开工。

2月11日，日本颁布"大日本帝国宪法"，"贵族院令"及众议院议员选举法等。2月间，《日本》报纸创刊。3月9日，政府公布参谋本部条例、海军参谋部条例。7月1日，东海道干线通车。12月24日，山县有朋组阁。

1890年

3月17日，中、英签订《藏印条约》，英国势力伸入西藏。30日，丁汝昌、琅威理率北洋舰队至西贡、新加坡、马尼拉访问。6月23日返威海卫。琅威理请辞，允之。8月8日，余栋臣在四川大足起义。10月，江南制造局设炼钢厂。12月4日，湖广总督张之洞创办汉阳铁厂及枪炮厂。

本年，上海商人设立燮昌火柴公司；张之洞接管大冶铁矿，购机设局，为我国第一个用机器开采的露天铁矿。

3月，日本举行"尾参大演习"，共动员兵力3万余人。山县有朋上奏《外交政略论》，提出"防守主权线"，"保护利益线"，认为扩充军备是当前"最大的紧急任务"。6月，山县在议会发表施政方针，鼓吹"保护利益线"（"利益线"指同"主权线"安全"紧密相关之区域"）。

1891年

2月22日，清廷允准创设江南水师学堂。3月25日，海军衙门奏，颐和园工程用款由海防捐输项下挪垫。4月21日，派李鸿章督办关东铁路一切事宜（路线经锦州、广宁至沈阳以达吉林，支线至中庄、营口）。5月23日，北洋大臣李鸿章、山东巡抚张曜校阅北洋海军。6月4日，颐和园工程完竣，慈禧太后移驻。7月30日，丁汝昌电李鸿章称："海军右翼总兵刘步蟾力陈中国海军战斗力不如日本，添船换炮，不容稍缓"。8月，汉阳炼铁厂开工兴造。9月4日，命庆亲王奕劻总理海军事务，定安、刘坤一为帮办。

本年，天津机器局设炼钢厂。

本年，因日本议会遇事与政府作对，天皇下诏解散之。俄国皇太子尼古拉访问日本，遇刺受伤，谢罪于俄。

1892年

7月9日，任命汪凤藻为驻日公使。11月20日，湖北纺织官局开工。12月，颐和园工程完工。大沽至滦州间铁路建成。

2月11日，日参谋本部派陆军少佐福岛安正以"考察"为名赴中国蒙古、东北地区搜集情报。10月，日本举行陆军特别大演习。

本年，日本建成"三景舰"（即松岛、岩岛、桥立三舰），并向英国购买当时世界上最快的巡洋舰吉野号。

1893年

1月4日，光绪帝发布"上谕"，以礼亲王世铎、庆郡王奕劻等12人总办慈禧太后"万寿大典"。2月17日，《新闻报》创刊于上海。

是年，湖广总督张之洞设自强学堂于武昌。

4月，日本成立出师准备物资经办委员会。5月22日，日本颁布《战时大本营条例》。7月，日参谋本部次长川上操六中将返回日本。川上于4月从东京出发，5月抵烟台、天津，6月到上海、南京搜集情报。经实地考察，"确信中国不足畏"。

12月29日，日本外相陆奥宗光在众议院报告说："日本自一八六八年明治维新，二十五年来，对外贸易由三十万增到一万万六千二百万两；有三千英里铁路线；一万英里电报及各种航行大洋船只。日本有最现代化之常备陆军十五万人，有各式军舰四十只，与欧洲任何各国相比无逊色。日本已实施代议政治。今日不怕任何人。"

本年，明治天皇下谕节省内廷经费，并令全体文武官员交纳十分之一的薪俸作为"造舰费"。

1894年

1月3日，慈禧太后作寿需款，李鸿章奉命暂停山海关外铁路，移作庆典之用。1月10日，朝鲜"东学道"在全罗道古阜郡起义。3月11日，丁汝昌率北洋舰队出访新加坡、马尼拉及澳洲等处。5月15日，南洋，北洋舰队军舰19艘在旅顺会操，李鸿章等第三次校阅海军。

6月2日，日本内阁会议，决定出兵朝鲜。

6月5日，李鸿章派直隶提督叶志超、太原镇总兵聂士成率陆军2500人赴朝。9日，聂士成部900人进驻牙山。12日，叶志超率1500人抵牙山。16日，日混成旅团先头部队登陆仁川。17日，日第五师团一部在朝鲜釜山登陆。20日，日本召开御前会议，决定以单独改革朝鲜内政为开战口实。李鸿章与俄使喀西尼会商调停事宜。23日，日本枢密院召开紧急会议，决定对中国发动战争。24日，山县有朋提出对中国作战方案。30日，李鸿章再求喀西尼调停中、日争端。

7月6日，清政府请求各国干涉，以迫使日本从朝鲜撤兵。13日，日外相陆奥训令驻朝公使大鸟圭介，不惜采取任何手段，挑起中日冲突。

14日，光绪帝谕令李鸿章"速筹战备，以杜狡诗"。16日，清军机大臣奉旨会商对日政策。17日，日本召开大本营第一次御前会议，决定与中国开战。18日，光绪帝谕令李鸿章：朝廷一意主战，不可意存畏葸。将部署进兵一切事宜迅速具奏。19日，日本将西海舰队与常备舰队合编为"联合舰队"，任命海军中将伊东祐亨为司令长官。

陆奥电令大鸟"可采取自己认为正当之手段"挑起战争冲突。25日，日本海军在朝鲜牙山湾丰岛海面袭击中国船舰，挑起丰岛海战。

29日，日军进攻驻成欢清军。

8月1日，中、日两国同时宣战，中、日甲午战争正式爆发。2日，清军卫汝贵、左宝贵、马玉昆、丰升阿四部抵平壤。5日，日大本营制定"作战大方针"。7日，英国及其他国家宣布对中日战争局外中立。22日，光绪帝谕李鸿章饬平壤各军"迅速进剿，先发制人"。25日，清廷任命逃至平壤的叶志超为平壤各军总统。

9月13日，日本大本营由东京移驻广岛，会商陆海作战事宜，海军军令部长桦山资纪提出"聚歼清国舰队于黄海，夺取制海权"的战略方针。15日，日军分四路总攻平壤，玄武门（北门）守将左宝贵牺牲。16日，日军占领平壤。17日，大东沟海战爆发，激战5小时，北洋舰队沉舰4艘，"致远"管带邓世昌、"经远"管带林永升等牺牲；日本旗舰松岛号及赤城号、西京丸号受重伤，赤城号舰长坂元八太郎被击毙。20日，清廷任命四川提督宋庆帮办北洋军务，率部赴九连城。29日，清廷起用恭亲王奕訢总理各国事务衙门及海军事务。

10月6日，清政府通过海关总税务司赫德请求各国调停。12日，李鸿章会晤俄使喀西尼，请求干涉。24日，日第一军攻破清军鸭绿江防线，宋庆退走凤凰城。30日，日军侵占凤凰城。31日，奕訢请求美国调停。

11月1日，清廷设"督办军务处"，以恭亲王奕訢为督办，奕劻、李鸿章为帮办。3日，奕訢请英、美、俄、法、德五国驻华公使调停。

6日，日军攻占金州。驻日美国公使照会日本，表示愿意调停。7日，慈禧太后60岁大寿，诸事搁置不办。18日，日第一军攻占岫岩。21日，日第二军攻占旅顺。22日，日军在旅顺进行了为期四天的大屠杀，无辜平民2万余人遇难。24日，孙中山在檀香山组织"兴中会"。25日，聂士成率部收复连山关。26日，清廷派津海关税务司德璀琳（德国人）至神户，日政府以其"非中国大员"为由拒绝开议。

29日，日第一军司令官山县有朋因违抗大本营"实施冬季宿营待命"的指示被召回，以野津道贯中将任第一军司令官。

12月7日，日本组成山东作战军，以大山岩为司令官。13日，日第一军第三师团侵占辽南要冲海城。28日，清廷任命两江总督刘坤一为钦差大臣，节制关内外各军。

1895年

1月10日，日第二军第一旅团攻占盖平。17日，清军第一次反攻海城失败。20日，日"山东作战军"（改编第二军而成）在山东半岛荣成湾登陆，攻陷荣成。22日，清军第二次反攻海城未果。23日，日山东作战军第二、六两个师团2.5万人在荣成湾全部登陆完毕。25日，清廷再电谕李鸿章，令北洋舰队出击。27日，日本在广岛召开御前会议，讨论对中国议和方案，陆奥宗光提出以朝鲜独立、割让领土和赔款作为谈判基础。28日，中国议和代表张荫桓、邵友濂到达日本长崎，31日抵广岛。30日，日军攻陷威海南帮炮台。

2月2日，日军攻占威海卫城及北帮炮台。9日，"定远"舰管带刘步蟾下令将已受伤之"定远"号炸沉，再自杀殉国。11日，北洋海军提督丁汝昌、镇远舰代理管带杨用霖、北洋护军统领张文宣自杀殉国。

12日，清廷议和代表张荫桓由长崎被逐回国，和谈失败。16日，清军第三次反攻海城失败。威海卫水陆营务处候选道牛昶炳与日军签署投降条约十一款。17日，日军占领威海卫港，北洋舰队覆没。21日，清军第四次反攻海城失败。

3月2日，日第三、五师团主力侵占鞍山站。5日，日军占领牛庄。7日，日军占领营口。9日，日军占领田庄台。19日，清廷议和全权大臣李鸿章等抵日本马关。20日，中、日议和代表在马关春帆楼举行第一次会谈。21日，中、日第二次会谈。24日，中、日第三次会谈，李鸿章遇刺受伤。26日，日军攻陷澎湖列岛。30日，中、日代表签订《停战条款》，停战三周，台、澎除外。

4月1日，中、日第四次会谈，日方提出和约底稿十一条，限四日内答复。6日，清军机大臣议论和款，意见相左。9日，李鸿章根据清廷意见提出和约修正案。10日，中、日代表第五次会谈，日方提出再修正案，威胁只有"允"与"不允"二字，限三日内答复。11日，伊藤通知李鸿章，日本提出之条款为最后条款；俄国举行特别会议，决定对日本要求割让辽东半岛进行干涉。14日，清廷复电李鸿章，如无可商改，"即与日订约"。15日，中、日第六次会谈，修改和约细节，确定17日签字。16日，俄皇尼古拉二世召开特别会议，批准4月11日之决定，确定对日割占辽东半岛的干涉政策。17日，中、日代表举行第七次会议，签订《马关条约》。19日，法国政府通知俄国，同意参加联合干涉行动。21日，台北鸣锣罢市，反对割让台湾。23日，清翰林院编修李桂林、宋伯鲁等83人联衔上奏反对议和条约。俄、德、法三国公使正式向日本提出"劝告"，要求其放弃辽东半岛。24日，山东巡抚李秉衡上奏，要求拒约再战。25日，日本召开御前会议，确定对三国"全然让步"，对中国"一步不让"的方针。26日，两江总督张之洞再请废约，帮办北洋军务宋庆奏请整军再战。27日，黑龙江将军伊克唐阿，湖北巡抚谭继洵，吏部尚书麟书，翰林院编修杨天霖、黄曾源等分别奏请罢和主战，以固国本。翰林院侍读学士文廷式等上奏，请拒约再战。台湾爱国士绅丘逢甲再联合全台绅民，写血书表示"万民誓不从日"。

5月2日，清政府批准《马关条约》。广东举人康有为联合在京应试的18省举人1300多人上书皇帝（即"公车上书"），反对议和，主张迁都再战。5日，日本政府照会俄、德、法三国，放弃对辽东半岛的永久占领。8日，中、日代表在山东烟台换约，《马关条约》

正式生效。25日，台湾民主国在台北正式成立，推原台湾巡抚唐景崧为总统，年号"永清"。29日，侵占日军在台湾北部三貂角登陆。

6月3日，日军侵占基隆。7日，台北失陷。17日，日本在台北成立"台湾总督府"。

8月14日，日军占领苗栗。22日，义军在大甲溪痛击日军。26日，日军占领台中。28日，彰化失陷。29日，云林失陷。

9月1日，义军复云林。2日，复苗栗，并两度反攻彰化，不克。

10月9日，日军侵占嘉义。21日，日军侵占台南城。27日，桦山资纪发布告示称："台湾全岛已全部平定"，但付出了伤亡5000余人的代价。

11月8日，中、日在北京签订《辽南条约》。清政府以3000万两白银"赎回"辽东半岛。

1896年

3月23日，清政府为支付对日赔款，与汇丰、德华银行订立《英德借款详细章程》，借款1600万英镑。27日，李鸿章赴俄参加尼古拉二世加冕典礼。

4月30日，李鸿章等抵彼得堡，5月3日开始关于《中俄密约》的谈判。6月3日，中俄在莫斯科签订《御敌互相援助条约》（即《中俄密约》）。

1897年

8月，中东铁路动工。

11月20日，德军登陆并占领胶州湾，夺取青岛炮台。

12月，俄国海军强占大连湾和旅顺口。

1898年

3月1日，清政府为偿付赔款，签订《续借英德洋款合同》，再向汇丰、德华银行借款1600万英镑。6日，德国强迫清廷签订《胶澳租界条约》。27日，俄国强迫清廷签订《旅大租地条约》。

4月24日，日本迫使清政府同意不将福建省内及沿海之地让与或租借他国。

5月7日，中俄在彼得堡签订《续订旅大租地条约》。

6月9日，英国强迫清政府签订《展拓香港界址专条》。11日，光绪帝发布《明定国是诏》，戊戌变法开始。

7月，英国强迫清政府签订《中英威海租借专条》。

9月21日，慈禧太后发动政变，囚禁光绪帝，杀戮维新志士，戊戌变法失败。

1899年

4月16日，俄国照会英国，承认长江流域为英国势力范围。28日，英国复照俄国，承认中国长城以北领土为俄国势力范围。

5月7日，中俄签定《勘分旅顺、大连租界及辽东半岛租地专条》。

8月，俄国公布《暂行关东州统治规则》，州厅设在旅顺，下辖五个行政区，大连为直辖市，任命海军上将阿列克塞耶夫为远东总督。

9月6日，美国提出对中国"门户开放"政策。

11月，法国强迫清政府签订《广州湾租界条约》。

马克思、恩格斯：《马克思恩格斯选集》第四卷，人民出版社1972年版。

马克思：《十八世纪外交内幕》，人民出版社，1979年版。

毛泽东：《毛泽东选集》第一卷、第五卷，人民出版社，1960年版、1977年版。

邓小平：《邓小平文选》第三卷，人民出版社，1993年版。

中国第一历史档案馆编：《光绪宣统两朝上谕档》，广西师范大学出版社，2000年版

《内务府档案》

盛宣怀档案资料选辑之三《甲午中日战争》（上、下），上海人民出版社1980年、1982年版

贾桢等编《清文宗显皇帝实录》，中华书局，1986年版

宝鋆等编《清穆宗毅皇帝实录》，中华书局，1987年版

世续等编，《清德宗景皇帝实录》，中华书局，1987年版

贾桢、宝鋆等：《筹办夷务始末（咸丰朝）》，中华书局，1979年版

宝鋆等编：《筹办夷务始末（同治朝）》，中华书局，2008年版

中国史学会主编：中国近代史资料丛刊《洋务运动》，上海人民出版社，2000年版

中国史学会主编：中国近代史资料丛刊《中法战争》，上海人民出版社，2000年版

中国史学会主编：中国近代史资料丛刊《中日战争》，上海人民出版社，2000年版

中国史学会主编：中国近代史资料丛刊《戊戌变法》，上海人民出版社，2000年版

孙毓荣：《中国近代工业史资料》第一辑，科学出版社1957年版

汪敬虞：《中国近代工业史资料》第二辑，科学出版社1957年版

贺长龄、魏源编：《皇朝经世文编》

盛康编：《皇朝经世文续编》

刘锦藻：《清朝续文献通考》，广西师范大学出版社，2000年版

《光绪会典》

故宫博物院编：《清光绪朝中日交涉史料》，1932年版

王铁崖编：《中外约章汇编》（第一册），三联书店，1957年版

中国近代经济史资料丛刊编委会编：帝国主义与中国海关第七编《中国海关与中日战争》，科学出版社1958年版

张侠等编：《清末海军史料》（上、下），海洋出版社，1982年版

张蓉初译：《红档杂志有关中国交涉史料选译》三联书店，1957年版

孙瑞芹译：《德国外交文件有关中国交涉史料选译》，商务书馆，1960年版

沈垚：《落帆楼文集》

魏源：《道光洋艘征抚记》

姚莹：《东溟文后集》

包世臣：《安吴四种》

冯桂芬：《校邠庐抗议》，上海书店，2002年版

薛福成：《庸庵文外编》

沈祖寿辑：《养寿园电稿》

曾国藩：《曾国藩全集》，岳麓书社，1987-1994年版

左宗棠：《左宗棠全集》，岳麓书社，1986-1996年版

李鸿章：《李鸿章全集》，安徽教育出版社，2008年版

郑观应：《郑观应集》，上海人民出版社，1982年版

张集馨：《道咸宦海见闻录》，中华书局，1981年版

郭嵩焘：《郭嵩焘诗文集》，岳麓书社，1984年版

张树声：《张靖达公奏议》，光绪二十五年刻本

张之洞：《张文襄公全集》

容闳：《西学东渐记》（见钟叔河主编：《走向世界丛书》第一辑，岳麓书社，1985年版）

崔国因：《枭实子存稿》

翁同龢：《翁同龢日记》

梁启超：《变法通议》

池仲祐：《海军实记》

郑天挺、谢国桢等编：《明清史国际学术讨论会论文集》，天津人民出版社，1982年版

戚其章主编：《甲午战争九十周年纪念论文集》齐鲁书社，1986年版

梁巨祥主编：《中国近代军事史论文集》军事科学出版社，1987年版

张炜主编：《甲午海战与中国近代海军》中国社会科学出版社，1990年版

孙坤保、王汝丰主编：《甲午战争与翁同龢》中国人民大学出版社，1995年版

戚其章、王如绘主编：《甲午战争与近代中国和世界》人民出版社，1995年版

中国日本史学会编：《日本史论文集》辽宁人民出版社，1985年版

《鲁迅全集》第2卷，人民文学出版社，1982年版

胡绳：《帝国主义与中国政治》，人民出版社，1978年版

丁名楠：《帝国主义侵华史》（第一卷），人民出版社，1962年版

卿汝楫：《美国侵华史》人民出版社，1962年版

王芸生：《六十年来中国与日本》（第一卷、第二卷），三联书店，1980年版

阿英：《中日甲午战争文学集》中华书局，1958年版

张国辉：《洋务运动与中国近代企业》，中国社会科学出版社，1979年版

罗尔纲：《湘军兵志》中华书局，1984年版

钟叔河：《走向世界——近代知识分子考察西方的历史》，中华书局，1985年版

徐泰来：《洋务运动新论》，湖南人民出版社，1986年版

林庆元：《福建船政局史稿》，福建人民出版社，1986年版

吴杰章等：《中国近代海军史》，解放军出版社，1989年版

孙克复、关捷：《甲午中日海战史》黑龙江人民出版社，1981年版

孙克复、关捷：《甲午中日陆战史》黑龙江人民出版社，1984年版

孙克复、关捷主编：《甲午战争人物传》黑龙江人民出版社，1984年版

杨东梁：《气壮山河的甲午海战》，书目文献出版社，1985年版

戚其章：《甲午战争史》，人民出版社，1990年版

戚其章：《甲午战争与近代社会》，山东教育出版社，1990年版

戚其章：《甲午战争国际关系史》，人民出版社，1994年版

戴逸、杨东梁、华立：《甲午战争与东亚政治》中国社会科学出版社，1994年版

刘培华：《近代中外关系史》（上册），北京大学出版社，1986年版

王晓秋：《近代中日启示录》，北京出版社，1987年版

李喜所：《近代留学生与中外文化》，天津人民出版社，1992年版

宝成关：《西方文化与中国社会》，吉林教育出版社，1994年版

谢俊美：《政治制度与近代中国》，上海人民出版社，1995年版

任恒俊：《晚清官场规则研究》，海南出版社，2003年版

林明德：《袁世凯与朝鲜》，中国近代史研究丛刊，1976年版

朱东安：《曾国藩传》，百花文艺出版社，2001年版

苑书义：《李鸿章传》，人民出版社，1991年版

杨东梁：《左宗棠评传》，湖南人民出版社，1985年版

谢俊美：《翁同龢传》，中华书局，1994年版

卢汉超：《赫德传》，上海人民出版社，1986年版

冯玉祥自传第一卷《我的生活》，解放军文艺出版社，2002年版

万峰：《日本近代史》，中国社会科学出版社，1978年版

伊文成、马家骏主编：《明治维新史》，辽宁教育出版社，1987年版

［美］马士：《中华帝国对外关系史》（张汇文等译），第一卷，三联书店，1957年版；第二卷，三联书店，1985年版；第三卷，商务书馆，1960年版

［英］菲利普·约瑟夫：《列强对华外交（1894~1900年）》（胡滨译），商务印书馆，1954年版

［英］A.伯尔考：《中国通与英国外交部》，商务印书馆，1959年版

［英］斯当东：《英使谒见乾隆纪实》，商务印书馆，1963年版

［美］拉·尔·鲍威尔：《1895~1912年中国军事力量的兴起》中华书局，1978年版

［法］佩雷菲特：《停滞的帝国——两个世界的撞击》，三联书店，1993年版

［美］马汉：《海权论》，中国言实出版社，1997年版

［美］费正清、刘广京：《剑桥中国晚清史》，中国社会科学出版社，2007年版

［日］大隈重信：《开国五十年史》，商务印书馆，1929年版

［日］井上清：《日本现代史》（第一卷），三联书店，1956年版

［日］井上清：《日本的军国主义》（第一册、第二册）商务印书馆，1972年版

［日］陆奥宗光：《蹇蹇录》，商务印书馆，1963年版

［日］誉田甚八：《日清战争史讲授录》，（台湾）文海出版社，1976年版

［日］藤村道生：《日清战争》（米余庆译），上海译文出版社，1981年版

［日］信夫清三郎：《陆奥外交》，东京丛文阁版

［日］信夫清三郎：《日本政治史》，上海译文出版社，1982年版

［日］信夫清三郎：《甲午日本外交内幕》，（于时化译），中国国际广播出版社，1994年版

［日］龟井兹明：《血证——甲午战争亲历记》，中央民族大学出版社，1997年版

［日］渡边儿治郎：《日本战时外交史话》，千仓书房，1937年版

［日］实藤惠秀：《中国人日本留学史稿》1939年日文版

［日］内田丈一郎：《海军词典》东京弘道馆，1943年版

［日］土屋乔雄：《明治前期经济史研究》第一卷，日本评论社，1944年版

［日］春亩公追颂会编：《伊藤博文传》，统正社，1944年版

［日］佐藤昌介：《洋学史研究序说》，岩波书屋，1964年版

［日］后藤靖：《自由民权运动的展开》，有斐阁，1966年版

［日］大山梓：《山县有朋意见书》，原书房，1966年版

［日］大津淳一郎：《大日本宪政史》第一卷，原书房，1969年复印本

［日］大久保利谦：《岩仓使团研究》，宗高书房，1970年版

［日］石塚裕道：《日本资本主义成立史研究》，吉川弘文馆，1973年版

［日］久米邦武：《特命全权大使美欧回览实记》，宗高书房，1975年版

［日］后藤靖：《士族叛乱之研究》，青木书店，1976年版

［日］小西四郎、远山茂树：《明治国家的权力与思想》，吉川弘文馆，1979年版

［日］芳贺彻：《明治维新与日本人》，讲谈社，1980年版

［日］《日本外交文书》，昭和三十九年（1964年）版

［日］《宗方小太郎日记》

［日］桥本海关：《清日战争实记》（日文版）

《左宗棠：帝国最后的"鹰派"》

徐志频　著
定价：58.00元
中国青年出版社出版

★ 获"2013年度中国影响力图书"。

★ 曾国藩、梁启超、毛泽东、蒋介石、王震、朱镕基、温家宝等盛情赞评的人物。

★ 被美国《时代周刊》评为"一千年来全世界40位智慧名人"之一

★ 让外国人又敬又怕的中国官员

★ 历史上永不打败仗的中国将军

★ 首富胡雪岩的教父

　　本书是为官从政、为人处事必读传记小说，用轻松故事、当代视角全新解读左宗棠独特的人生沉浮进退、得失成败之道。看他如何从草根无文凭，到铁腕执政、善始善终的为人处事谋略智慧；到最冒险的岗位上去做事，在险恶官场实现人生抱负的成长经历。

《恸问苍冥：日本侵华暴行备忘录》

金辉　著
定价：58.00元
中国青年出版社出版

★　荣获"首届鲁迅文学奖"、"第四届中国人民解放军文艺奖"
★　入选"中国新时期报告文学百家"、"中国新时期优秀报告文学大系"

　　侵华战争中，日本在中国所犯暴行和所欠血债，罄竹难书。万千血泪史实汇集成这部厚重的书，也只记录了日军罪状之万一。本书既注重事件，亦突出细节，兼顾史料价值与历史现场感，故于日本侵华暴行可窥一斑而见全豹。

　　本书的精妙之笔还在于"问"——"他们为什么要杀人"？"我们为什么被屠杀"？书中对两个民族的历史、文化、心态、观念做了入木三分的分析，见地之深，目光之透，文字之中肯独到，使我们不仅看到了这一页页惨痛的历史，更看到了深埋在历史底层的积淀，读后令我们在凝思中拍案而起。